シリーズ21世紀の農学

農林水産業を支える生物多様性の評価と課題

日本農学会編

養賢堂

目 次

はじめに……………………………………………………………………3

第1章 生物多様性条約とSATOYAMAイニシアティブ ………………1
第2章 農生態学からみた農山漁村の生物多様性の評価と管理 ………17
第3章 作物生産における生物多様性の利用 ……………………………41
第4章 森林の遺伝的多様性保全と森林管理 ……………………………61
第5章 種苗放流の遺伝的影響：実態と展望 ……………………………83
第6章 農耕地土壌における微生物多様性の評価手法とその利用 ……113
第7章 水田地帯の魚類生態系保全と地域活性化 ………………………139
第8章 複合生態系としての農村ランドスケープと生物多様性 ………157
第9章 農林水産業に関する生物多様性と生態系サービスの経済価値評価 …173
あとがき ……………………………………………………………………193
著者プロフィール …………………………………………………………199

はじめに

大熊 幹章
日本農学会会長

　日本農学会は，昭和4年（1929）に，農学全分野を総合し，農学全体の発展を目指す農学系各学協会の連合体として創設されました．現在51の学協会が構成メンバー（会員）になっています．「農学」というと，一般には農業に直接関係する学術と考えられているようですが，日本農学会が対象とする「農学」は，狭義の農学（農業生物），農芸化学，林学，水産学，獣医畜産学，農業工学，農業経済学等はもとより，広く生物生産，生物環境，バイオテクノロジー等に関わる基礎から応用に至る広範な学術全般を包含しております．
　ところで，現在，発展途上国を中心に世界の人口増加が進む中で地球環境の劣化，資源の枯渇，そして生物多様性の減退が加速度的に進行し，人類生存の危機到来が叫ばれています．このような状況の中で，人類の持続的発展を期すためには環境保全と資源確保，自然との共生を実現する循環型社会の創成が強く望まれ，その実現は全人類的課題となっています．生物生産と環境保全の技術の高度化を目指し，もって生物を基本に置く循環型社会の形成を目指す「農学」の重要性は日ごと増大してきており，農学の各分野を総合化する連合体，日本農学会の役割は益々大きなものになっています．

　さて，日本農学会では，日本の農学が当面する様々な課題をテーマに掲げ，そのテーマに精通した研究者に講演をお願いし，学生，院生，若手研究者，さらには農学に関心を持つ一般の方々を対象としたシンポジウムを平成17年度から毎

年秋に開催してまいりました．本年度は国連の定める国際生物多様性年であり，2010年10月に名古屋市で生物多様性条約第10回締約国会議（COP10）が開かれました．これに合わせて「農林水産業を支える生物多様性の評価と課題」をテーマにシンポジウムを開催いたしました．

　農林水産業は，太陽エネルギーと水・土壌，そして生物の生命力を利用して生物生産を高度化して人類生存の基本を維持する産業ですが，その根幹を支えるのは生物資源の多様性確保であり，この課題解決は安定的で持続的な農林水産業の展開にとって最も基礎的で重要なことであります．本シンポジウムでは農林水産業の種々の分野における生物多様性の状況を評価するとともに，生物多様性確保のための課題を抽出し，考察しました．農林水産業，産業としての生物生産の展開は，ともすると生物多様性を低下せしめる側面をもつものの，その一方で，生物多様性の確保は地域自然環境の維持・利用と農林水産業振興についての新たな取り組みを可能とするものです．複雑な関係を幅広い角度から考察し，人類生存のための農業，生物生産の意義をふまえながら，生物多様性の維持，回復，そして人類が生物・自然と共存する世界を目指し課題解決の方策を探りました．

　ここに，シンポジウムにおける講演と討論の概要を出来るだけ平易にまとめ「シリーズ21世紀の農学」の1冊としてまとめ刊行いたしました．

　本書の刊行によって，農林水産業を支える生物多様性に対する社会の理解が一段と深まることを期待いたしております．

2011年3月

第1章
生物多様性条約と SATOYAMA イニシアティブ

武内和彦
東京大学大学院農学生命科学研究科

1. はじめに

　生物多様性条約は，1992年にブラジルのリオデジャネイロで開催された環境と開発に関する国連会議，いわゆる地球サミットの際に，気候変動枠組条約と並んで締結された条約である．この二つは，それゆえ，よく「双子の条約」と言われる．しかし，気候変動枠組条約に比べると，生物多様性条約は，まだ国際社会での認知度が低く，いかにこの条約の存在意義を高め，その目的を達成していくかは大きな課題である．

　内閣府が2009年に世論調査を行ったところ，「生物多様性」の意味を知っていると答えた人はわずか12.8%，意味は知らないが言葉は聞いたことがあると答えた人が23.6%，聞いたこともないと答えた人が61.5%にも達するという，大変残念な結果が示された．このような生物多様性に関する認知度の低さを何とか改善したいということで，普及啓発活動など様々な取組が行われている．

　そうした中で，2010年10月18日から2週間にわたって，愛知県名古屋市で生物多様性条約（Convention on Biological Diversity；CBD）の第10回締約国会議（10th Conference of the Parties；COP10）が開催された（写真1）．この期間中とその前後には，連日，生物多様性に関する報道がなされ，この問題に対する国民的関心を引き起こす大きなチャンスとなった．私も，この会議に出席し，サイドイベントや閣僚級会合等に出席し，後述する SAYOYAMA イニシアティブ

の提案などを行った．

写真1　COP10の開会式

2．生物多様性条約の目的とCOP10

　この生物多様性条約は3つの大きな目的をもっている．ここでは，その概要について簡単にまとめておこう．

　第1は，生物の多様性の保全である．生物の多様性は，生態系レベル，種レベル，遺伝子レベルの多様性を包含するものであり，それらを全体として保全していくことが求められている．COP10までは，2002年にオランダのハーグで開催されたCOP6で採択された「2010年目標」があった．この目標は，締約国が生物多様性の損失速度を2010年までに顕著に減少させるというものであった．

　COP10に先立ち，2010年5月に生物多様性条約事務局より公表された地球規模生物多様性概況第3版（Global Biodiversity Outlook 3；GBO3）は，世界の生物多様性の現状を客観的に評価した結果を報告した．そこでは，生物多様性の損失速度を顕著に減少させることはできなかったと結論づけている．その反省にたって，COP10ではポスト2010年目標について議論され，愛知目標（Aichi Target）が採択された．

第2は，生物多様性を支える構成要素の持続的利用である．すなわち，生物多様性を保全しながら，生物資源の持続的な利用を行うことが目的であり，農林水産業と密接な係わりをもっている．私が，前回の議長国であるドイツ政府が2009年にボンで開催したポスト2010年目標を検討するためのハイレベルの専門家会合に参加した際も，2010年目標の大きな失敗の原因のひとつとして，生物多様性の問題を農林水産業の問題と一体化して議論するという視点に欠けていたということが，多数の出席者から指摘された．したがってCOP10ではこの議論の強化が求められた．
　COP10で日本の環境省と国連大学高等研究所が提唱したSATOYAMAイニシアティブについても，その主旨は，生物多様性の構成要素の持続的利用に最も関わりのある取組だということである．その意味で，農林水産業と生物多様性の関わりにおいて，SATOYAMAイニシアティブを推進していくという視点はきわめて重要である．
　第3は，遺伝資源へのアクセスと利益配分（Access and Benefit Sharing；ABS）である．これは，開発途上国の豊富な遺伝資源を活用して，先進国の企業などが，食料，医薬品，化粧品などを開発し，莫大な利益を得ているのに対し，その利益を途上国に還元していないという問題である．この問題を解決するために，公平な利益の配分に資するABSを拘束力のある議定書として採択することがCOP10のもうひとつの大きな課題であった．
　しかし，先進国ではこの議定書に慎重な締約国も多かった．それは，ABSが生物資源の利用に関する経済活動を大きく阻害するとの声が産業界等で強いためである．アメリカ合衆国が生物多様性条約を批准していない大きな理由の一つが，このABSに対する警戒感が強いためである．他方で，開発途上国は，議定書を採択する条件として，先進国が遺伝資源の略奪をはじめた植民地時代に遡って過去の利益も還元すべきである，また，遺伝資源に関する伝統的知識や，遺伝資源を化学合成して得られる派生物も利益配分に対象とすべきであると主張した．
　こうした先進国と途上国の深刻な対立が続く中，議定書がまとまるのか最後まで予断を許さなかったが，最終日に議長国・日本の提案が双方に受け入れられ，名古屋議定書が採択された．COP10で議定書が採択されなければ，今後ABSに

関する議定書の採択はほぼ不可能との観測があっただけに，この採択は大成功であった．また，議長国・日本もリーダーシップを発揮して，大きな役割を演じた．

3. 生物多様性条約と学術界の役割

COP10 でその早期設立が推奨され，2010 年 12 月にニューヨークで開催された第 65 回国連総会でその設立が決議されたものとして，生物多様性と生態系サービスに関する政府間科学政策プラットホーム（Intergovernmental Science-Policy Platform on Biodiversity and Ecosystem Services；IPBES）がある．これは気候変動枠組条約に関連して，気候変動に関する政府間パネル（Intergovernmental Panel on Climate Change；IPCC）が設けられ，気候政策を考える上で重要な判断材料となる，気候変動の予測，気候変動の影響評価，気候変動の緩和策，気候変動への適応策などについて，世界でこの分野に関連する研究者が一同に介して報告書のとりまとめを行うという方式にならって，その設立が求められていたものである．

おりしも，2009 年末に気候変動研究で有名なイギリスのイーストアングリア大学気候ユニットの電子メールが不正に公開され，その内容が温暖化懐疑論者の批判の対象になったり，2007 年に公表された IPCC 第四次報告書の記載の中にヒマラヤの氷河消失やオランダの海面上昇に関する明らかな記述の誤りが認められたことから，IPCC そのものの信頼性に関して疑問を呈する国際世論が強まったが，総じて言えば，IPCC のこれまでの成果を打ち消すことにはならなかった．

IPCC が学術界に果たした貢献は，個人やグループの研究成果を社会に応用していく従来の学術成果の応用の方式とは大きく異なり，学術論文として公表されている膨大な科学的知見を集大成し，階層的に構成された数多くの執筆者と査読者のいくたびものやりとりを得て，現時点で科学が示しうる知見を，いわば総合化された「知」として示した点にある．これは，地球持続性に関する新たな学問領域であるサステイナビリティ学の理念とも合致する（住・三村　2010）．

IPBES もまた，IPCC と同様，生物多様性に関する総合化された最新の科学的知見を提供し，生物多様性分野の政策の発展に貢献することが期待されている．ここでは，「生物多様性」とともに「生態系サービス」についても検討されるこ

とになっている．生態系サービスは，自然の恵みを科学的に評価するための概念である．IPBESは，日本政府も積極的に支援しており，今後，日本の生物多様性に関係する研究者が，この新しい取組に対して積極的に貢献していくことが求められている．

4. 自然資源の持続的利用と生態系サービス

SATOYMAイニシアティブについて論じる前に，これまでの農林水産業のあり方を振り返ってみたい．

20世紀における近代的な農業は，しばしば生物多様性と対立してきた．特定の農産物に限定し，大規模化することを通じて生産の効率化を進め，そのことを通じて安い農産物を大量に販売し，市場での競争力を獲得していく方式である．同様の方式が，林業や栽培漁業においても見られた．その結果，農林水産業が多様性の喪失や，生態系サービスの劣化をもたらし，農林水産業と生物多様性の共存を困難なものとしてきたのである．

それに対して，生物多様性や生態系サービスを生かしながら，農林水産業や他の産業を営むことができないかということがいま問われている．コスモス国際賞を受賞したスタンフォード大学のグレッチェン・デイリー教授らは，「自然資本」に依拠した農林水産業や観光などの産業の振興こそが，生物多様性や生態系サービスと調和した地域づくりにつながると主張している（Daily, ed., 1997；Daily and Ellison, 2002）．

ここでのひとつの考え方は，自然を生かした伝統的な農林水産業を生かしながら，それを現代社会に再構築するという観点からの新しい仕組みづくりを通じて，持続可能な土地利用システムを追求していくということである．一般に自然を生かした農林水産業では，生産効率の飛躍的な向上は望めないので，農林水産物の付加価値を高めて市場での競争力を獲得していくことが大きな課題となる．こうした方式の採用により，生物多様性と農林水産業がより調和したものになると期待される．

私が兼務している国連大学サステイナビリティと平和研究所では，中国の雲南省を対象に，茶の栽培について伝統的な方式の再評価を行っている．すなわち，

生物多様性を損なうプランテーションよる画一的な茶の栽培に替えて、伝統的な茶の樹林を活かし、林内で家畜を放牧しながら、高品質の茶を生産するとともに、他の付加価値も高めて、地域の経済に貢献するという方式を再評価しているのである（写真2）.

写真2 中国雲南省の茶の樹林

（写真2-1は林内での牛の放牧）

（写真2-2は茶の収穫の様子，国連大学提供）

5. 里地里山とSATOYAMAイニシアティブ

里山とは、本来、薪炭林や農用林等として活用されてきた集落に近い二次林や草地である．里山をとりまく、畑地、水田、集落、ため池、河川、水路などをあわせたものが里地ということになる．その両方をあわせたのが里地里山であり、

第1章 生物多様性条約とSATOYAMAイニシアティブ

写真3 新潟県十日町市にみられる里地の風景（米澤健一撮影）

これは一種のモザイク状のランドスケープということになる（写真3）．里地里山の問題は，燃料革命や肥料革命などが里山の利用低下につながったこと，ランドスケープモザイク間の機能的関係が損なわれてしまったということである．

すなわち，日本に見られる里地里山問題は，人間と自然の動的な関係において，現在はむしろ人間の側の利用が低下することにより，そのバランスが損なわれていることに由来する．このことは，ヨーロッパの農村ランドスケープにおいても同様である．フランスなどヨーロッパ諸国においても，農地の放棄や森林管理の粗放化が，伝統的な農村ランドスケープの崩壊につながることが危惧されている．

しかし，開発途上国では，人間の利用がむしろ過度であるために，人間と自然の動的関係のバランスが崩れ，生物多様性や生態系サービスの劣化が著しいことが多く報告されている．こうした地域では，伝統的な農林水産業の再評価などを通じて，人間の利用をより調和的なものへと転換していく必要がある．

このように，人間と自然の動的な関係を捉え，その望ましいあり方を探るための取組を日本国内のみならず，途上国を含む海外においても展開していこうというのがSATOYAMAイニシアティブの主旨である．

このイニシアティブは，2007年6月，「21世紀環境立国戦略」が閣議決定された際に，低炭素社会，循環型社会と並んで持続型社会を構築する上で重要な自然共生社会実現のための象徴的な取組として，戦略の中に取り入れられたものである．その後，COP10の開催を契機に，人間による過度の自然利用の問題も視野に入れた，開発途上国もまきこんだ国際的な取組としても展開している．

私たちは，日本からの情報発信の象徴として，satoyamaを世界に通用する国際語として定着させるべく，SATOYAMAイニシアティブという名称を用いた．里山の他，里地や里海という表現もあるが，インパクトを考えsatoyamaのみに焦点を絞った．その上でモザイクとしての里地里山（里海も含む）を英語では，satoyama landscapeと表現することにした．

もちろん，このSATOYAMAイニシアティブは，日本の里地里山と類似したランドスケープを対象に共通戦略を描こうとしているのでは決してない．生物多様性に関する議論の本質は，自然のみならず文化も含めた地域の多様性の尊重にあり，イニシアティブがめざす人間と自然の望ましいかかわりの再構築という目標は同じであっても，それぞれのランドスケープは，それぞれの地域の自然的・文化的特質に応じて多様であるべきであり，相互に違っていて当然なのである．

COP10の会期中には，公式のサイドイベントを開催し，500名以上の参加を得て，こうした議論の進展を促すための共通のプラットホームとなる「SATOYAMAイニシアティブ国際パートナーシップ」（International Partnership for Satoyama Initiative；IPSI）の設立式典を行い，51の国や機関が創設メンバーとなった（写真4）．

写真4 SATOYAMAイニシアティブ国際パートナーシップ（IPSI）の発足式典

6. 新たなコモンズの創造

　SATOYAMA イニシアティブで提唱しているのが「新たなコモンズの創造」という考え方である．かつての入会地でみられたような，伝統的な里地里山における共同管理の仕組みを再評価しながら，「公」か「私」かの二項対立を超えた，地域の共同管理の仕組みを考えていくということである．2009 年にノーベル経済学賞を受賞したインディアナ大学のエリナー・オストロム教授も，共用資源（common pool-resources；CPRs）のガバナンスシステムのあり方について論じている（Ostrom, 1990, 2005）．

　この新たなコモンズでは，担い手の不足や高齢化に悩むこれまでの農林水産業従事者だけに里地里山の管理をゆだねるのには限界があるという状況認識のもと，地方自治体，食品産業，建設業，流通業，バイオマス産業などを含む企業，NPO/NGO，都市住民などの参画を得て，様々なステイクホルダーが水平的な関係を維持しながら，連携して里地里山の共同管理に乗りだす仕組みづくりが求められる．

　また，高齢化社会を迎える 21 世紀日本では，いかに高齢者が健康で生き甲斐をもって暮らせるかが重要となる．例えば定年退職後に里地里山で農林水産業に従事し，ある程度の収入を得ながら，健康で安心な生活を送っていけるようなライフスタイルがこれからは一つの選択肢となりうるであろう．そうした高齢者の新規参入が容易となるような，研修制度の充実，行政の支援，法的な規制の緩和，環境整備などを含めた新しい社会システムの設計が求められる．

　また，新たなコモンズに支えられる地域の物的なシステムの再構築も必要である．私は，中央環境審議会循環型社会計画部会の部会長を務めているが，第二次の循環型社会形成推進基本計画で私たちが提唱したのが「地域循環圏」という概念である．この概念は，それぞれの資源に応じて，循環利用にふさわしい圏域を設定して，その循環圏の中で資源を持続的に利用していこうというものである．

　こういう観点から里地里山をみると，そこでの主要な資源は，農林水産物を中心とした生物資源ということになる．里地里山をひとつの地域循環圏と考え，その循環的利用システムを再構築していくことが望まれる（図 1）．それは，循環

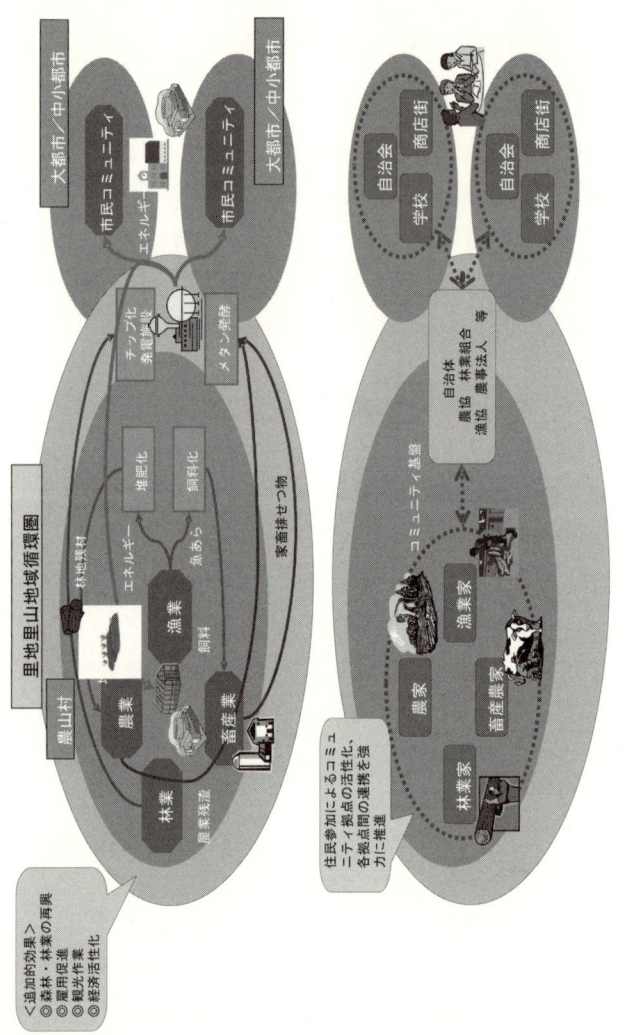

図1 里地里山と地域循環圏（中央環境審議会循環型社会計画部会資料）

型社会の形成に貢献するばかりでなく，生物多様性や生態系サービスを生かす点で自然共生社会に，またバイオマスエネルギーの利用促進を通じて低炭素社会にも貢献し，それらを統合した持続型社会の構築につながっていくと期待される．

　里地里山の様々な生態系サービスを最大限活用するためには，農林水産業のあり方の見直しも必要と考えられる．東京大学名誉教授の今村奈良臣氏が長年主張

されてきた「農業の6次産業化」が農林水産省の施策に取り入れられたのは，農林水産業の多面的展開を推奨するという点から意義深いと考えられる．

里地里山のランドスケープが再生されれば，それはグリーンツーリズム，ブルーツーリズム，エコツーリズムの対象となり，国内外からの訪問客，観光客が訪れる対象となりうる．特に，近隣の中国，韓国，台湾，香港などからの訪問客の増加が期待されている．もし，このような国際交流が拡大していけば，それは里地里山を中心とする国際交流圏の形成にもつながってくると考えられる．

7. 社会生態学的生産ランドスケープ

国連大学高等研究所が中心になって実施したミレニアム生態系評価（Millennium Ecosystem Assessment；MA）のサブグローバル評価（Sub-global Assessment；SGA）では，日本の里山里海ランドスケープを対象とした．この評価の過程で，里山里海ランドスケープの概念が議論され，それは「社会と生態系の複合システムからなる動的なランドスケープであり，人間の福利に資する様々な生態系サービスを生み出している」という定義としてとりまとめられた（図2, JSSA, 2010）．

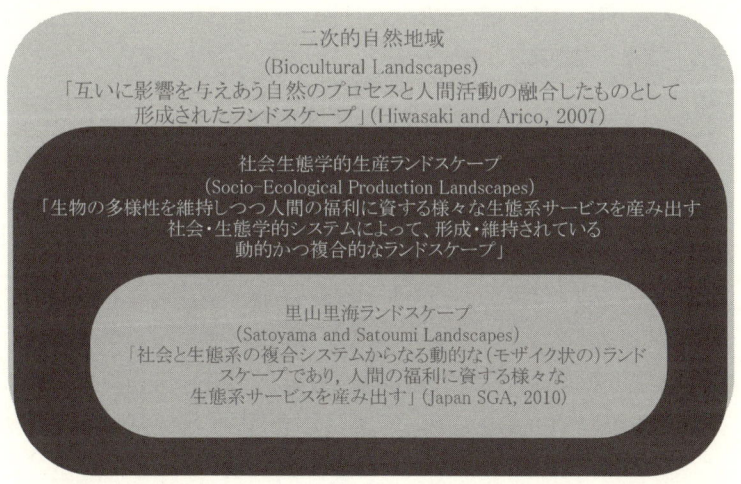

図2　社会生態学的生産ランドスケープの概念（Japan SGA, 2010）

その成果を踏まえて，SATOYAMA イニシアティブでも，世界全体で合意できる概念として「社会生態学的生産ランドスケープ」(socio-ecological production landscape) という用語を使うことに決定した．すなわち，里地里山や里海の考え方を基礎に，生物多様性を保全し，人間の福利に資する生産を含めた様々な生態系サービスを生み出す機能的なランドスケープとして捉えたのである．

　このように SATOYAMA イニシアティブの国際展開は，「社会生態学的生産ランドスケープ」という概念を通じて，世界の伝統的な土地利用の再生の試みと連携していくものである．表1には，世界各地で見られる社会生態学的生産ランドスケープの具体例が示されている．

　例えば韓国には，日本の里地里山に類似した「マウル」という伝統的な土地利用がある．また，中国では稲作と淡水魚栽培を複合し，魚に雑草を食べさせるような「稲魚農業」がある．また，私が長年フィールドにしているインドネシアのジャワ島には，移動耕作システムである「クブン・タルン」や，集落内のホームガーデンである「プカランガン」というアグロフォレストリー・システムがある．

　ヨーロッパでも，スペインには，コルクガシの疎林下でブタを飼育する「デヘサ」という仕組みがあり，世界的に有名なイベリコ豚が放牧によって生産されている．フランスには「テロワール」というブドウ栽培を中心にした自然的・文化的ランドスケープがあり，風光明媚で，高級なワインの生産地となっている．

表1　世界の社会生態学的生産ランドスケープの例

国	ローカル名	特徴
韓国	マウル	マウル：背後の山，集落，道，農地，小川と池からなる空間
中国	稲魚農業	水田における稲作と漁業の両立
インドネシア	クブン・タルン	移動耕作システム
	プカランガン（ホームガーデン）	家屋の周囲に農作物，果樹や有用樹木を栽培し家畜を飼育する土地利用システム
スペイン	デヘサ	まばらな樹木のある草地における放牧システム
フランス	テロワール	地域の生物物理的・人的要因に影響され，文化的特徴，生産に関する知識や方法が蓄積されてきた地理的空間．個性と典型性ある優れた生産物を産出する．
ザンビア，マラウイ，モザンビーク	チテメネ	焼畑システム．広い範囲から枝のみ伐採し，狭い範囲に集めて焼き耕作を行う．

さらに、私が以前フィールドにしていたアフリカのザンビア・マラウィ・モザンビーク一帯の半乾燥地域には、樹木を全部伐らずに枝だけを伐採することで、樹林の再生を早める「チテメネ」という伝統的な焼き畑の仕組みがある（写真5）。

SATOYAMA イニシアティブでは、そうした伝統的な仕組みを評価しながら、それらが抱えている多くの問題をいかに解決していくか話し合い、そうした仕組みをどのように現代社会の中で再生していくのかを、先進国、新興国、開発途上国が一緒に考え、特に途上国の社会生態学的生産ランドスケープの再構築を支援していくことになっている。

開発途上国では、依然として開発が必要であるとの意見が強い。しかし、これ

写真 5　ザンビアのチテメネシステム

（写真 5-1 は枝の伐採直後）

（写真 5-2 は伐採後の回復）

までは，生態系の劣化をもたらす開発が主流であった．それに対して生物多様性と共存しうるような持続可能な開発が求められている．日本の里地里山や世界のアグロフォレストリーに見られるような，水平的にも垂直的にも複雑な構造をもった社会生態学的生産ランドスケープの再構築は，そうした共存関係をもたらすと期待される．

アグロフォレストリーは，農業，林業，牧畜業，場合によっては水産業を組み合わせて複合的な土地利用を展開する方式であり，生態系を生かした土地利用として優れている．しかしそれをいかに経済面でも有利な仕組みとしていくかが大きな課題である．そうした課題をひとつひとつ解決しながら，生物多様性や生態系の劣化をもたらさない，もうひとつの近代化を推進していく必要がある．

そうしたことは，世界全体で 2050 年までに自然共生社会の実現をめざすことに大きく貢献すると思われる．私たちは，2050 年までの長期目標として，世界全体として生物多様性の減少と生態系の劣化を食い止める「グローバル・ノーネット・ロス」を提唱している．これは 2050 年までに世界の CO_2 を 50％削減するという気候変動枠組条約の野心的な目標と相符合するものである（Takeuchi, 2010）．

8. 新しいビジネスモデル

生物多様性を維持しながら経済の活性化を図っていく際に，考えておくべきことは「豊かさとは何か」ということである．すなわち，それぞれの地域には様々な暮らしがあり，その固有性に大きな価値があるという見方で，豊かさを捉えていく必要がある．世界中で同じものをつくって，同じようなものを食べて，同じ衣服を着て，というのではないところに価値があるということである．

その意味で，生物多様性の議論は，気候変動の議論に比べていっそう複雑である．気候変動枠組条約の目標は，世界全体で CO_2 を削減する，各国で CO_2 を削減する，それぞれの企業や家庭で CO_2 を削減する，というようにストーリーが統一されている．しかし，生物多様性条約は，長期的には生物多様性や生態系の保全という共通の目標を持ちながらも，それぞれの地域では異なる目標を持って，様々に異なる生物や生態系の保全・再生を追い求めていく必要がある．生物多様

性の議論では，普遍性と固有性の同時追求が何よりも重要なのである．

また，地域循環圏を考えると，都市との連携，福祉との連携などを考慮しながら，農林水産業の新たな産業化につなげることが肝要である．その際，品目を限定し，大量に生産し，安く販売することで経済的な利益を得るという方式ではなく，複合的であるがゆえに品目は多く，少量だが高品質で付加価値を高めて販売することで経済的な利益を得るような，新たなビジネスモデルの確立が求められる．このことは，地域の活性化につながり，文化の多様性を内在した人々の福利（human well-being）向上や，開発途上国での貧困撲滅に貢献すると考えられる．

ブラジルのアマゾンでアグロフォレストリーを実践している現場では，様々な作物が栽培されている．多品目を販売するために，ここでは多くの異なる業種の企業が関わっている．そうした企業が連携しながら，多品目少量の生産物を地域的な広がりの中で一定量以上に集め，高付加価値の商品として販売することで経済的な利益を生んでいることが報告されている（長澤　2010）．社会生態学的生産ランドスケープを再生するためには，このような農林水産業を中心とし，加工も流通も販売も組み合わせた新しい複合的なビジネスモデルの開発が不可欠である．

9. 国連生物多様性の 10 年に向けて

COP10 が開催された 2010 年は，国連の定める国際生物多様性年であった．2011 年は，同様に，国連の定める国際森林年である．国際森林年を機会に，アグロフォレストリーの評価が進めば，それは SATOYAMA イニシアティブの国際的展開進にとっても追い風になるであろう．

また，先の国連総会で，日本政府が COP10 で提案した「国連生物多様性の 10 年」が採択された．すなわち 2011 年から愛知目標が短期目標とする 2020 年までの 10 年間が生物多様性の 10 年ということになる．同じく日本政府が提案し UNESCO が中心となって推進している「持続可能な開発のための教育の 10 年」と同様，これを生物多様性条約の目的達成のための大きな手がかりとしたい．

SATOYAMA イニシアティブについても，2020 年までに日本の里地里山や，世界の社会生態学的生産ランドスケープの再生が可能となるような取組を継続し

ていくことが重要である．私としても，国連生物多様性の 10 年に積極的に関わっていきたいと考えている．

引用文献

大黒俊哉・武内和彦　2010. 里地里山の生態系―生態系サービスを評価する．小宮山宏・武内和彦・住明正・花木啓祐・三村信男 編，生態系と自然共生社会，サステイナビリティ学 4，東大出版会，75-107.

ザクリ, A.H.・西麻衣子　2010. ミレニアム生態系評価―生態系と人間の福利を考える．小宮山宏・武内和彦・住明正・花木啓祐・三村信男 編，生態系と自然共生社会，サステイナビリティ学 4，東大出版会，35-74.

住明正・三村信男　2010. 気候変動と IPCC―国際的観点で評価する．小宮山宏・武内和彦・住明正・花木啓祐・三村信男 編，気候変動と低炭素社会，サステイナビリティ学 2，東大出版会，9-32.

長澤誠　2010. 経済活動が森をつくる．グローバルネット, 230, 10-11.

Daily, G.C. ed. by 1997. Nature's services —Societal dependence on natural ecosystems. Island Press, 1-392.

Daily, G.C. and Ellison, K. 2002. The new economy of nature —The quest to make conservation profitable. Island Press, 1-260.

Hiwasaki, L. and Arico, S. 2007. Integrating the social sciences into ecohydrology : facilitating an interdisciplinary approach to solve issues surrounding water, environment and people. Ecohydrology and Hydroecology, 7, 3-9.

Japan Satoyama Satoumi Assessment (JSSA) 2010. Satoyama-satoumi ecosystems and human well-being : Socio-ecological production landscapes of Japan (Summary for decision makers), UNU Press, 1-44.

Ostrom E. 1990. Governing the commons : the evolution of institutions
for collective action. Cambridge University Press, Cambridge, 1-280.

Ostrom E. 2005. Understanding institutional diversity. Princeton University Press, Princeton, 1-355.

Takeuchi, K. 2010. Rebuilding the relationship between people and nature : the Satoyama Initiative. Ecological Research, 25, 891-897.

第2章　農生態学からみた農山漁村の生物多様性の評価と管理

日鷹一雅
愛媛大学農学部・大学院農学研究科

1. はじめに

　昨秋のCOP10では，生物多様性（Biological diversity）の未来を占ういくつかの重要な国際的な取り決めが採択された．本題のわが国の農山漁村にとってみれば，"SATOYAMAイニシャチヴ" "水田決議"などは，関連した事柄であろう（松田　2011）．今後は，農林水産業が行われている山・里・海の生物多様性を適正なモニタリングで把握し，生物多様性を保全・再生・利活用する活動に移行しなければならない（詳細は第1章）．

　生物多様性そのものは，基礎生態学から論ずれば，具体的な評価項目である遺伝子，表現系，品種（亜種），種，生活型や生育型，ギルド，ニッチ，群落，食物網，群集や生態系と言ったそれぞれの遺伝子，種，生態系の多様性について，各論的に説明することになるが，それは他に譲る（例えば橘川，1994；1995）．ここでは，もっと広く深く農学の現場から総合的に掘り起こし，「そこに在る」（古くからの日本語的な表現では「居る」のニュアンス）という観点から，在地の生物多様性の基盤となる枠組みについて基礎生態学も交えながら考えを巡らしたいと思う．

　農山漁村に関わる生物多様性の諸事業は，COP10とはまた別に，最近の10年間試行錯誤されてきた．環境省と農林水産省の生物多様性国家戦略や新・農業基本法における環境配慮の明記を受けて農山漁村で実施されている生物多様性保全

に関わる諸整備や諸事業があり，様々な主体，立場，規模，手法，地域，目的などから，多様な形で進められている．里山や里海の内容をしっかり把握するためには，地域の村々と生物多様性の両方の歴史的事象について，奥深く理解した総合的なスタンスが要求される．また学術者の立場からは，基礎研究と適正な科学の社会的運用（科学的リテラシー）の努力も必要であろう．ところが，永年の農山漁村と生物進化の歴史を理解し，両者を統合化した「ここに居る生物多様性」を評価し，それらを適正に管理していく事は深遠なる事業に他ならない．ましてや科学的リテラシーも柱としてとなると容易ではない．ここでは，筆者の研究グループが農山漁村における生態学の研究教育，社会的事業に参画している中で日ごろ考えてきたことから，現場における生物多様性の評価と管理に関わる話題を取り上げ，そのあり方について論じることとする．

2. 空間的な生物多様性の捉え方

まずは空間的に，どのような生物多様性の測り方があるかについてである．国際的に広く知られているのは，α多様性，β多様性，γ多様性という概念的な生物多様性分類である（図1）．Gliessman（1998）は，農生態学の教科書の中において，α, β, γの三次元の生物多様性を農生態系対象に初めて適用し，農生態系の構造と機能について論じている．例えば数キロのトランゼクト調査をしたと想像しよう．トランゼクト上のある地点において，20m 間の生物種数を調べればα多様性．同様の生物相調査を行い，異なる環境の複数地点の異質な生物種構成を見いだせばβ多様性，そしてさらにγ多様性は，トランゼクトの全長にそって測定されるもので，数キロにわたる全種数や分布のバラツキの両方を説明するものである．この測定方法は圃場レベルから農村スケールさらには地域スケールにも適用できる概念的な生物多様性の測定法であり，生物種のハビタットやモザイク状の景観を評価するときに便利な見方である．ただし，α, β, γというギリシャ文字を使っているためか，あまりわが国では広く一般には普及しておらず，農村現場ではあまり知られていない．しかしながら，この三つの概念の測定法を参考にして，集落や地域の生物多様性の空間構造をうまく説明することができるかもしれない．

地域の生物多様性の空間構造を把握したいときに，わが国の場合，農村の生物種の生息分布情報が乏しいケースがほとんどである．現状の生物種や群集（群落）の生息地を把握したい場合に，生活史の記述や環境条件との相互関係が明らかで生物学的な情報がある程度以上ある場合は，γ 多様性の景観レベルから生息分布を予測し，それより下位の β，α へと生息分布地点を探索していくことが可能である．逆に言うと，どの種の眼を借り

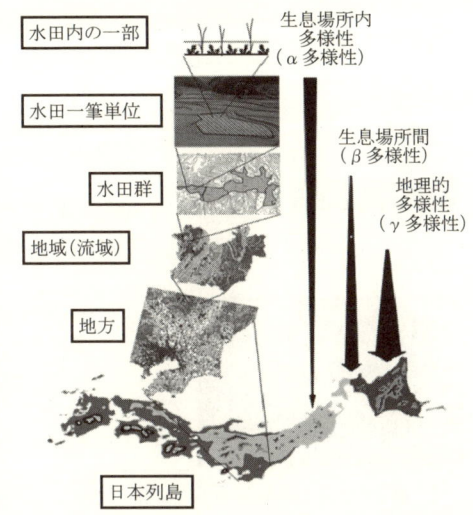

図1　わが国の水田，農村における生物多様性の三次元（日鷹・嶺田・大澤，2008）

て環境の多様性を診るかによって，空間スケールも生物間の関係性も変わるので，調査対象とする生物種に多様性をもたせないと，α から γ に及ぶ多次元的な生物多様性を測ることはままならない．例えば水生昆虫タガメ（図2）のように，水田を対象に生物多様性を測る場合に，水田だけや特殊な有機農法圃場ばかり調査していても見えてこないこともある．動植物種の中には，生活史や生物間ネットワークが，水田生態系の他の水系や里山を含む β から γ に及ぶことは希ではない（日鷹　1998；2003；日鷹・嶺田・榎本　2006）．

群集生態学の分野でも，群集の構造や機能を理解する上で，局所的な調査で記載された食物網を実際的食物網（actual food web）と呼び，調査事例や時・空間サイズを拡張したときに記述される潜在可能な食物網（potential food web）と区別するのが近年トレンドになりつつある（Berg 2010）．これも群集解析を α から γ 多様性まで行うことを意味しており，多様な時・空間でのスナップ・ショット的な積算から描いた潜在食物網によって，天敵種で有用種であるか群集構造を決める key - stone 種といった指標種で評価する危うさについては科学的リテラシー上，私たちは留意すべきだろう（日鷹・中筋　1990）．食物網や食物連鎖の

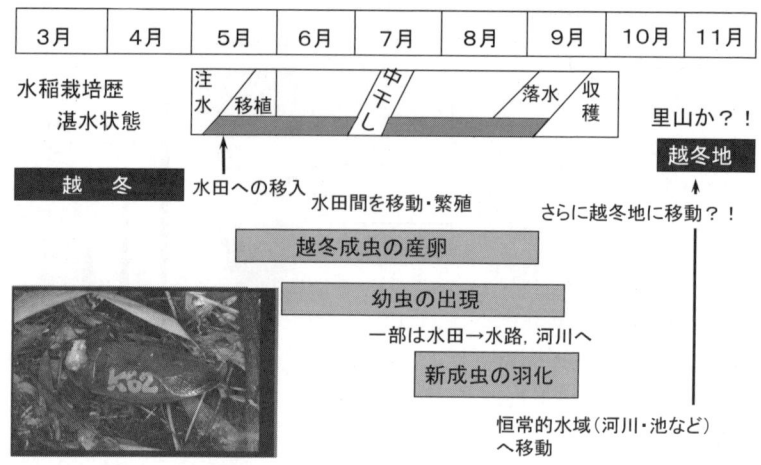

図2 マルチハビタットを利用するタガメの生活史(日鷹 2003 より)
生活場所は,水田,池,水路,河川,里山に及ぶ.

記載でも,定量的な実際的食物網を記述した例は案外少ない.水田のクモ類における餌メニュー(桐谷・中筋 1977),サギ類(藤岡 1989),タガメ(Hirai & Hidaka 2003)など,実際の食物網の定量的な記載情報は農学分野ではまだまだ十分ではない.図3に示した水田における食物網の一例は教訓の意味をこめて示したが,あくまで栽培期間中の水稲株上の生物群集の研究レビューから経験的に描かれた(宇根・日鷹・赤松 1989)仮説的な食物網にすぎず,ギルド内競争も意識はしたが潜在的な食物網としてはまだ不十分である.この種の食物網や食物連鎖の模式図は引用文献の記載もなく,実に安易に描かれることが多く,注意を喚起したい.図3は,地図で言えば全国の概略地図相当のものであり,旅人(生産農家)の道案内になりうる実際的食物網ではない.地域,立地条件,栽培体系などまさに,図1のαからγに及ぶ空間的次元の記載がなされた上で,その蓄積から景観レベルの多様な食物網の実態解明が今後なされることを期待したい.そのためには栽培者が使える潜在的食物網への模索が必要である.筆者も参画した最新の事例としては,Ishijima *et al*.(2006)が東京農工大附属農場水田で行ったクモ類の定量的餌解析があり,栽培条件の記載と種同定がそれなりに確かであり,実際的食物網のよい事例であると言える.そこでは,コモリグモ類が害

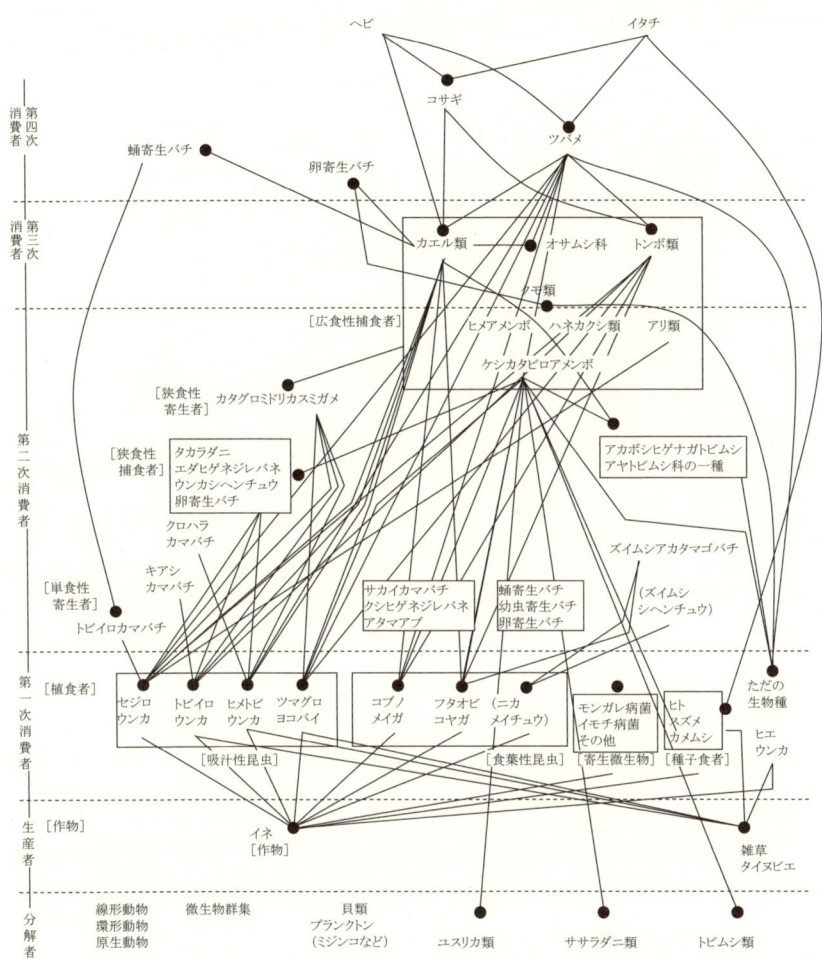

図3 水田における潜在的食網網（日鷹　1989：1994より）　□内はギルド．

虫やユスリカなど双翅目のただの虫（日鷹　1994）を食するだけでなく，クモ同士の共食い，益虫のケシカタビロアメンボ属（Nakasuji & Dick，1984）を食する天敵同士のギルド内捕食が全食事内容の30-50%も記載されている．ただし，以上の実際的食物網は20数aの都内の圃場レベルのものでしかない．

さて実際の農村のスケールは，圃場レベルより，景観，土壌・地質条件，田畑

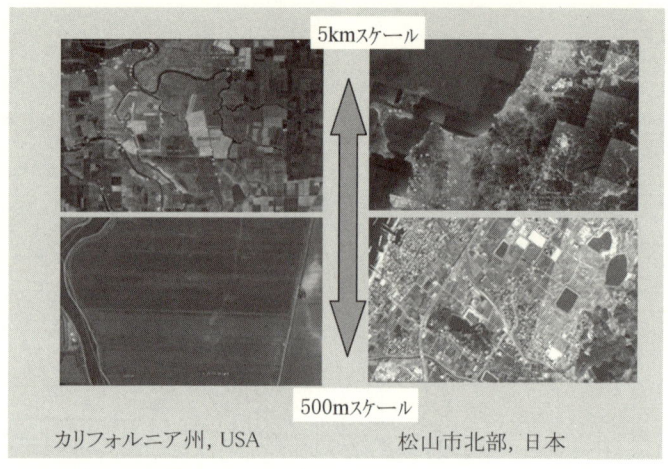

図4 水田農業をめぐる日米比較（筆者が実際足を運んだことのあるフィールド）

のサイズや形状，作付け体系，灌漑システム，農村コミュニティーなど様々な諸点で多様である．三つの次元で考える多様性の尺度によってそれらを評価することは可能であるが，国や地方によっての多様性を無視することはできない．このような景観レベルから生息地レベルへの還元的探索手順の繰り返しを様々な種や群集を対象に，集落，地域，地方，国々の各空間レベルで行うことによって，生物多様性の実態を解析するが常道であろう．

例えば，Gliessman（1998）のいう5kmのトランゼクトで調査したとしよう．最近なら誰でもグーグルアース等を用いれば，高価なGISや空中写真を購入しなくても簡単な景観模擬調査が可能である（図4）．ここでは，環太平洋を挟んだ日米の2地域，愛媛県松山市にある愛媛大学農学部附属農場付近とカリフォルニア州サクラメント市郊外の水田地帯について空からの画像を示し，5kmとその10分の1の500mのスケールのある2種類の大小スケールで比較してみた一例を示した．同じ水田農業でもいかに日米で圃場の構造や水利の構造，地形の違いなど，数十倍以上の景観的なスケールの大きな差は一目瞭然である．なお，このカリフォルニア州の水田地帯は，水鳥の越冬場所として生物多様性保全で著名な場所であり，元祖冬期湛水水田の基礎研究や保全が行われている世界的先進地と

しても著名である（Elphick 2000）．米国ならば広大な農地とその周辺の自然（小河川や潅木）かもしれないが，日本では山も里も川も，中国・四国・九州地方に見られるよう海までも入る地域は多い．特に地形的に陸域，水域，海域がまざった西日本の景観では，農村だけでなく，山村も漁村もモザイク状に混在する場合も少なくない．日本のγ多様性は明らかに米国や欧州よりは小さい面積で高いレベルにある．また，日本の中でも東北や北海道と，中国・四国・九州あるいは津々浦々の半島，島嶼部のγ多様性は大きく異なり，山と里と海が数キロの範囲ですべて含まれるため，後者にいくほど高いレベルにある．例えば，水田1筆の面積は日本全国で一様ではない．水田の区画形状別の整備率の割合に関する統計資料（農水省　2010）から，全国の標準区画（およそ30a程度）の整備率は61％であり，うち8％が1ha以上の大区画といわれる日本の中では広い水田圃場である．筆者の研究・教育の拠点である中国・四国地方では2009年現在でも標準区画の整備率が41％，大区画ではわずか4％であり，水田の区画形状のサイズは全国平均値より小さい．図4で示した松山市北部の水田地帯の空から景観はこれらの数値を端的に表している．しかしながら，たとえ全国平均を上回る大区画水田の多い他の地域（例えば東北や北海道）の景観を引き合いに出したとしても，米国の水田は一区画1haどころの規模ではなく，直播栽培用飛行機を利用するなど更に数倍から数10-100倍の広さであることも図4から読み取れる．このような生態系の基盤スケールの大きな相違は，その上に成り立つ生物多様性の構造や機能，例えばある種の個体群動態，潜在的食物網などの多様性を生み出すことになる（第8章参照）．

3. 生物多様性の時間的変容の捉え方

農村の生物多様性は，農学的（山崎　1996）にも生物学的（橘川　1995）にも永年の歴史的産物である．ただ，現地でトランゼクト調査をしていれば，生物多様性の空間構造はわかっても，その成り立ちの歴史にはなかなか迫れない．土地に刻まれた生物多様性の記憶に私たちはどのようにアプローチすることができるのだろうか．生物多様性の時間的スケールは，秒，分，時，日，年，数十年，数百年，数千年，数万年・・・地球進化的な数十億年までと時間スケールは多様で

ある．水田である生物種に出会って認知すればそれも生物多様性のスナップ・ショット的一場面でしかない．水田の中の生き物を数分，数時間見ていれば，食う食われるものの関係が見えて，それも生物多様性を認知することの一つだろう．私たちに気づいて逃げる種もあれば逃げない種もあるであろう．すなわちそこに居る生物や自然や人々と触れ合う時間は調査の手法や目的で多様である．また私たち個人が種生物学的に研究するということは，生物の種の分子レベルから生活史レベルまでの形質を理解しようとするためであり，その目的に沿ってある特定種と向き合う時間は知りたい内容にもよるが普通，数年から数 10 年単位の時間に及ぶであろう．研究材料の入手や調査範囲も生物地理学的スケールとなり，広範囲に，あるいは環境考古学的に学究は展開することになる．

　一方，多様な生物種たちの舞台となる農山漁村の時間スケールはどうであろうか？　農村の歴史は地域，地方によって違う．最近の中山（2010）の説に従えば，縄文時代に始まる半栽培から本格的な農耕に移行したのは弥生時代に入ってからである．農耕社会の本格的な発達は，九州では弥生時代早期から前期，続いて近畿で弥生前期，東日本では弥生中期近くであることがこれまでの考古学的研究から明らかにされている．端的に農村の歴史的な古さを述べれば，津軽地方など北日本を除けば，西南日本には東北日本に比べ相対的に古い水田集落が存在すると思われるが，地方，地域ごとの水田造成の歴史が基盤にある（表 1）．これは集落化を進めたイネの伝来経路が従来の「稲の道」に代表される南方ルートと朝鮮半島経由と一部沿海州北方ルート（佐々木・吉原　2011）と多様であり，多くの弥生遺跡がその証拠を示している．身近な事例で恐縮であるが，松山市内の愛媛大学農学部では工事のたびに弥生遺跡の発掘調査が行われている．集落が現在目にするような佇まいとなったのは何時時代からであろうか？　田畑や里山があり，集落があり，寺院と神社があり行政区の末端単位として機能する村々．それらの多くは中世以降近世にかけて形成されたと考えられている（白川部・山本　2010）．そして現在の問題としては，数千，百年間以上続いてきた村々がトップダウン的思考によって「限界集落」と整理され，多くが存続の危機にあることである．

　種の進化は数十万から数千年と考えられているようであるが，適応レベルでは隔離された生態系では 30 数年で不可塑的な形態変化が生じることがフィンチ類

表1 水田の歴史（日鷹ら2008より）

時代	立地	特徴
縄文・弥生	川沿いや谷あい地の低湿地，山麓緩斜面の半湿地	ほとんどが地下水位の高い湿田・半湿田
古墳 (4-6世紀)	山麓緩斜面の半湿地に加え，中性地の水田（乾田）が出現	自然灌漑から人工灌漑への転換による中干し栽培法の確立
古代 (7-12世紀)	沖積平野，河谷平野，盆地，扇状地末端の湿性～中性地	大掛りな溜め池など組織的な灌漑技術による乾田の普及
中世 (13-16世紀)	関東・東北の未開墾地（主に谷地型水田と呼ばれる湿性地）	広域での河川開発（治水・利水）により灌漑システムが強化
近世 (17-19世紀)	大河川中下流部の沖積平野・三角州や干潟の低湿地，中性～乾性地の扇状地や山麓棚田	水田の大拡大時代であり，温帯域のほとんどの自然性ウェットランドが代償湿地として水田に転換
近代～ (20世紀-)	大規模な用水・疏水開発による乾性地への水田拡大，汽水性立地での大規模な干拓事業	高度な効率化，圃場整備による整形区画化と排水能強化，用水路等の水系網の分断・縮小

山崎（1996），玉城・旗手（1974）を参考にして

でわかってきている（Grant & Grant 2008）．生化学レベルでは病害虫や雑草の薬剤抵抗性が比較的短期間で発達し，私たちを悩ますことはすでに広く知られている（松井ら　2001）．このように生物側の情報は遺伝子の中に組み込まれているが，それぞれの農村環境の多様性と遺伝子レベル多様性の関連性はまだよくわかっていない．害虫・雑草個体群や病原菌レースのある種群についての防除管理の必要性から，彼らの遺伝的素性についての情報が蓄積されているくらいであろう（中筋　1999；伊藤　2005）．

種レベルで考えた場合，元来その種の生物地理学的な分布が決まっているため，農村ごとの種多様性もその地理的立地条件の影響を強く受ける．さらに現実の生物種の分布は，生物地理学的な枠を超え，地球温暖化のようなさらなる環境変動や人為的影響で変容してきている．例えば，農村の在来種の多くが環境省や県のRDBに掲載されていることはよく知られている（日鷹・嶺田・大沢　2008）．省力化など人里の管理の質的低下による生息環境の悪化が一因である（例えば渡辺　2010）．さらには，人為的な放流などによる在来個体群の遺伝的変容にも留意しなければならない．水産資源の場合では，在来アサリ個体群が激減しているが（日本プランクトン学会・日本ベントス学会編　2009），大陸産の放流が行わ

れ，遺伝子多様性かく乱の心配がある．また里山の象徴ゲンジホタルでさえも，遺伝的多様性を無視した放流増殖による保全活動が流域在来の地域個体群を脅かしている事例も報告されている（大場　2004）．

　草本植物の場合のように時系列分析を伴った分布情報の解析から，RDB 種が絶滅危惧確率算定の基礎に示された事例が紹介されている（松田　2000）．他の分類群では分布や個体数の変化データが RDB の改定にあっては考慮している場合もあるが，例えば同じサイトの農村において種構成や特定の種群の分布や個体数を追跡している事例はあまり知られていない．サイトを決めて，生物多様性をモニタリングしようとする動きとして，今回の COP10 を境に AP-BON のようなネットワークつくりが始まっているが，こと農村の生物多様性モニタリングについてはその基盤つくりがこれから必要である．農林水産省や環境省，民間で水田やその周辺，里山の特定種を対象とした生物多様性モニタリングの多様な事業がこの数年の間に始まっているが，それらをうまく整備することが急務であろう．

4. 時・空間の総合化した農生物多様性の成因論

　生態系は時・空間的に変動する系であり，農村も田畑もその他の自然の系も同様である．モニタリングの目的が，生物多様性の保全や再生事業に結びついているのであれば，なおさら事業の目標やベースラインを見定めるためにも，取り扱う生態系のサイズと時間軸についても把握しておく必要がある．図 5 は，日鷹・嶺田・大澤（2008）が提案した時・空間レベルの大小と，在地の水田生物多様性の成因に関わる主な要因の重層構造について示したものである．この図を在地の水田だけではなく，農村の生物多様性に拡張適用してみよう．時・空間レベルが最も基層を為しうるのは，生物地理学的要因であり，そこの生物相は，そこの地質学的，気候的歴史的基盤にある程度規定されている．すなわち，そこの水田なり農村がどのような生物分布上の土台に乗っているかである．ある種が本来分布していない場所には，いくら生息環境の整った農村環境があっても，人為的導入による定着や気候変動による新規個体群の移住が成功しない限り，その種個体群は存立存続し得ない．次に，農山漁村の歴史という文化的な人間の活動の過去に規定され，空間規模は多様な景観を含むものの，数 km から数

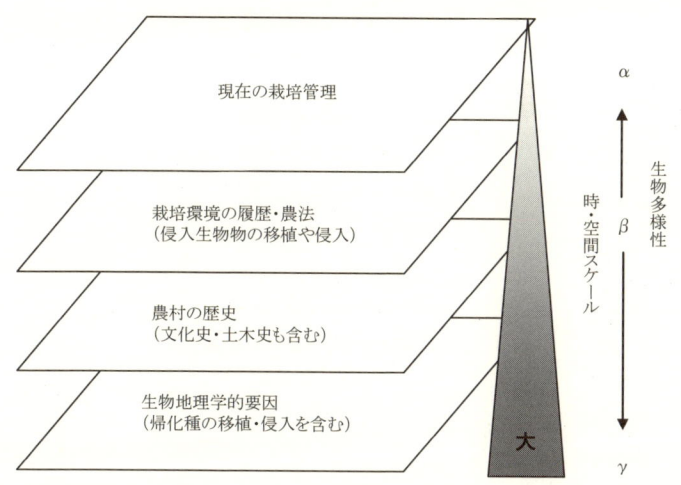

図5 在地の水田生物多様性の成り立ちの重層構造(日鷹・嶺田・大澤 2008 より改変)

　10kmに及ぶ流域,平野,盆地といった空間レベルの時・空間変化が,在地の生物多様性を規定し,わが国ではここまでがγ多様性である.

　続いてβ多様性になると,農耕地や里山の利用実態の履歴という,数十年間くらいの農法や生業形態に関わる時・空間である.集落や個人の田畑レベルでどのような農法が行われてきたか,里山ではどのような遷移管理が行われてきたかが,在地の生物多様性を規定する.例えば,慣行の多肥料多農薬農法は半世紀継続されてきているのが普通であるが,無農薬の有機・自然農法に転換しても,そこの生物多様性は変遷するのに何年かの時間を必要とする.水田では農法転換に伴い,ある西南暖地のみに記録され土着的で移住能力に乏しいウンカシヘンチュウ *Agamermis unka*(今村　1932)のような天敵個体群が増え,群集構造を害虫個体群制圧型に変える(図6).この間に要する転換の時間は広島県下の事例ではほぼ10年間を要していた(Hidaka 1993；1997).一般的に空間的に広く移動しない生物群ほど,何らかのかく乱後に種類相や個体群を回復する場合には時間的に長い期間を要するが,土壌動物,雑草などはそういう事例にあてはまりやすく,田畑の管理の履歴の指標候補としてよくあげられてきた(Paoletti *et al,* 1991).このような生態系かく乱後の生態遷移は,まさに生物多様性の時・空間

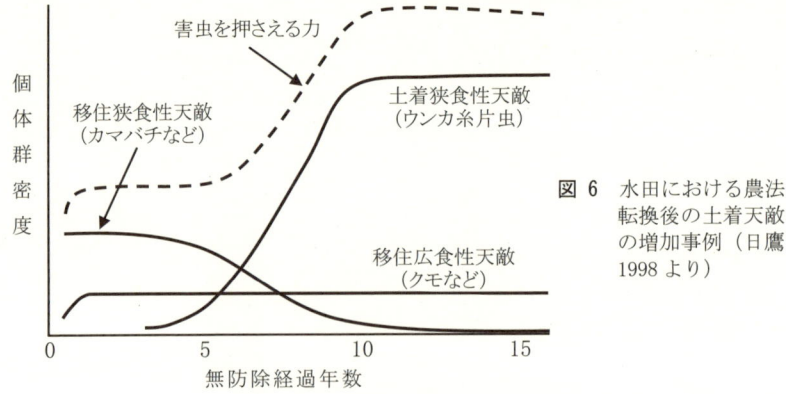

図 6 水田における農法転換後の土着天敵の増加事例（日鷹 1998 より）

的な動態をよく現わしている．図 7 は土壌耕起という農耕の基本行為と水田雑草種の反応の関係を模式的に表したものである．種の生活史と土壌表層の物理的かく乱という事象の組み合わせの履歴で埋土種子集団の特徴が決まり，ある田畑において，どのような雑草群落になるかがおよそ予測できる（嶺田　1997）．

　最後に図 5 の一番下の層に示したが，実際にどのような環境管理を行うかという毎年の耕作者の関心事である．栽培管理の仕方でも生物多様性の構造は影響を受けるであろう．影響の反応は早く劇的で一見目立つものも少なくない．また，影響を受ける空間規模は α 多様性レベルが主であり，個別の田畑の圃場，畦，池，里山など，農村を形成する個別の多様な構成サブ生態系の空間レベルにある．今年はどのような栽培や農村の環境管理を計画し行動に移すか，その時の実際の手入れの内容が生物多様性に諸影響を及ぼすことになる．図 5 における各層の要因のどれが，その在所の生物多様性を強く規定するかは，具体的な諸要因が生物群集や生態系に及ぼす効果の大きさにも左右され様々な影響を受ける．それは直接的な要因（direct driver）だけでなくて，政治社会経済的な間接的な要因（indirect driver）にも影響を受けるであろう．

　例えばスクミリンゴガイの事例はそれを説明するのに良い題材である．本種 *Pomacea* spp. は生物地理学的には外来種で南米原産であるが，食用養殖のため導入され一部の西南暖地に局在化ししばらく潜在的発生状態であった．1990 年代に入り福岡県などの一部の地域で水稲害虫として問題化し，農村レベルで

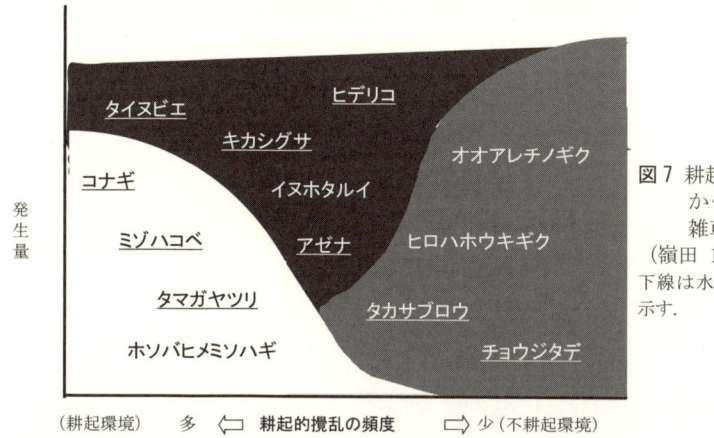

図7 耕起によるかく乱と水田雑草群落（嶺田 1997 より）下線は水田随伴種を示す．

（縦軸：発生量、横軸：耕起的撹乱の頻度　多（耕起環境）⇐　⇒少（不耕起環境））

記載種：タイヌビエ、ヒデリコ、キカシグサ、コナギ、オオアレチノギク、イヌホタルイ、ミゾハコベ、アゼナ、ヒロハホウキギク、タマガヤツリ、タカサブロウ、ホソバヒメミソハギ、チョウジタデ

防除の対象となる．特に大規模省力化を進める社会情勢から直播栽培が普及し，水中の植物を旺盛に食する本種はより重要な害虫として恐れられることになる（Wada 2004）．一方，環境保全型稲作の先進地福岡県では，本種を除草剤の代替の生物的防除に活用し，稲守貝農法と呼ぶ浅水有機栽培管理を推奨し（宇根 2003），それを守山（1997），桐谷（2004）は評価した．福岡県総農試による水田雑草の抑草効果に関する試験研究結果もあり，この外来種を用いた環境保全型稲作技術はフィリピンや韓国などに広がった．しかしながら，本種は除草剤が使われている水田地帯で分布を拡大した場合，図8で示したように水田1筆当りに出現する高等植物の種類を平均で2/3に減少させてしまう事例が松山で報告されている（日鷹・嶺田・徳岡　2007）．フィリピンでの研究成果では，湛水生態系の栄養塩循環を破綻させ開放系にする撹乱が本種によって引き起こされると指摘されている（Carlson et al., 2004）．特に夏草で湛水にのみ生息し，葉肉や茎が柔らかい植物種はよく摂食される．確かに有機農業における強害草コナギなどの駆除効果は高い．本種は寒冷地では越冬できないため，わが国全域には適応分布しないが（Wada 2004），最近琵琶湖での侵入繁殖が確認され，大きな社会的問題になりつつある．今後，地球温暖化による北部や高冷地の水田地帯，水系への分布拡大が心配されるところである．現在，メタアルデヒド剤による農薬登録がなされ，生産者個人の駆除が容易にできるようにはなった．この事例は，養

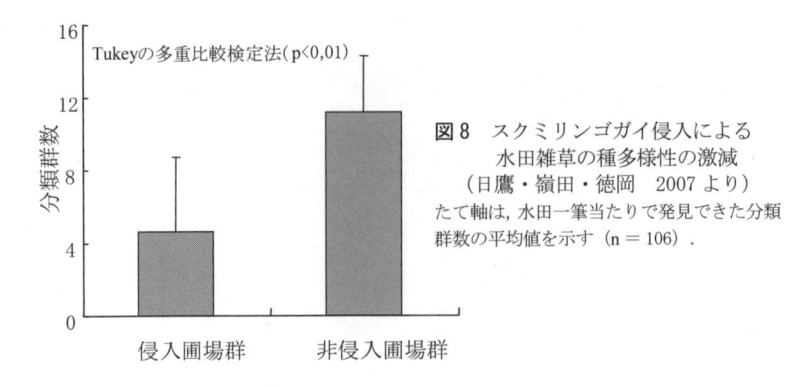

図8 スクミリンゴガイ侵入による水田雑草の種多様性の激減（日鷹・嶺田・徳岡 2007より）
たて軸は，水田一筆当たりで発見できた分類群数の平均値を示す（n = 106）．

殖導入による侵入種問題という生物地理学的要因レベルから，農村レベルの防除組織，減農薬稲作運動という農法レベル，駆除薬剤という生産者個人の選択枝という栽培技術までが，水田生物多様性で普通60-70種の水田植物種と，それぞれの種のギルド上の消費者群集に影響を与えている可能性を示す事例である．

話を生物多様性の本体である群集に戻すと，私たちは農耕地の栽培植物上の食物網の解明には取り組んできたが（日鷹 1994），こと農耕地雑草になるとその上にある食物網は知らないことばかりである．以上のように，持ち込み侵入種スクミリンゴガイをめぐる水田，農村，水系のαからγに及ぶ生物多様性への諸影響は，本種の分布拡大という直接的要因だけでなく，本種を駆除するベクトルと，本種を「稲守貝」と呼び利活用しようとしたベクトルの両方の社会・経済・政治に及ぶ間接的要因にも大きく影響を受けている．

5. 農村における生物多様性の構造から機能の評価へ

生物多様性の構造に限って前節まで述べてきたが，生態系のもう一つの側面，系が生み出す機能についても触れておこう．最初に示唆しておきたいことがある．多様性は安定性に結びつくというのは，Elton（1958）が示したドグマであり，どの空間レベルでも種多様性の増大が必ずしも系の安定性に結びつくとは限らないというのがかねてからの定説になっている（橘川 1980）．これに異論を唱える場合として，農生態学の教科書でGliessman（1998）は，エルトン以来の議論が個体群平衡を指標として系の安定性を唱えていることの視野の狭さを批判して

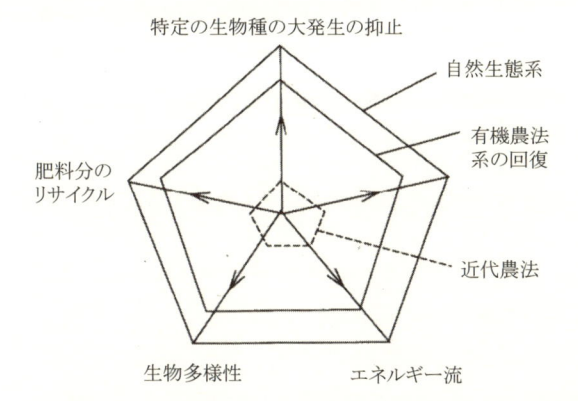

図9 五つの農生態系の諸機能
（日鷹 1999）
有機農法が本来目指す方向性が示されている．

いる．確かに農生態系の機能を作物や病害虫の個体群平衡だけに結び付けて論ずるだけでは不十分であろう．農生態系の機能については，本来いくつかの機能が挙げられており，日鷹（1999）は Gliessman を発展させ，個体群平衡，栄養塩循環，太陽エネルギーの固定と流れ，系の回復，共存共栄の五つの農生態系の機能を示した（図9）．

これらの諸機能は，田畑レベルの α 多様性が高い場合に結びつきやすいものもあれば，そうでもない場合がある．Andow（1991）は，作付け体系の多様作と単作の多くの事例について比較検討し，害虫個体群を抑止できた事例は多様作で有意に多く，多様性と安定性が結びつく傾向があることを示唆している．害虫がスペシャリストかジェネラリストの植食者かによっても，多様作による β 多様性による害虫個体群抑止の機能は変化し，多様作ではジェネラリストの害虫種は増えて被害を及ぼす．栄養塩循環の機能は，化学肥料の低投入に貢献し，エネルギー流で太陽 E をより多く固定し，バイオマス生産に分配すれば生産量は増大するのに寄与する．系の回復機能の増大は，農生態系の定常状態を維持する上でうまく機能すれば農地や里山の保全に寄与できる．より多くの生物種がうまく共存・共栄できるのならば，いわゆる多くの生態系サービスの恩恵を受けることになる．

これまで，前出の Gliessman や日鷹（1990；1998；2000），Altieri（1995），Perfecto et al.（2009）ら農生態学者の多くは，農薬や化学肥料に依存せず永年の叡智に育まれてきた伝統的な農法の中には，これらの五大機能をうまく引き出

す知恵や技術の重要性について指摘している．単なる栽培技術に関したα，β多様性レベルの話ではなく，土地利用形態といった里山の文化史を内包したγ多様性においても，生物多様性の機能を引き出す必要性がわが国では重要である（第8章参照）．

6. 農山漁村の暮らし感覚を生物多様性にどう組み入れるか？

　Satoyama イニシャチブは，自然と共存共栄する持続可能な農山漁村社会のためのビジョンを世界に発信しようとするものであろう．里山や里海には，多様な生物と結びつく知恵が内包されており，それが美しい景観とともに維持してきたことを，生物多様性の持続性モデルとして示す必要がある．そのためには，農山漁村の生物多様性を適正に評価見つめ直す必要があるが，これまで述べてきたのは，農村生態系の適正な見方の科学的リテラシーに関わる話題である．科学は外から診ることには長けた方法に違いないが，それだけでは見逃してしまう対象もある．農山漁村に生物学の専門家がチームを組んで，そこの在地の生物多様性の構造と機能を数値として算出することは，機会と予算と労力と現地の方々など熱意ある関係者の協力があれば可能であろう．しかし，このような手法ではなかなか見出せない，農山漁村の人々（そこに在住している人だけとは限らない）や集落コミュニティーの中にある，「内なる生物多様性」（日鷹　2010a）というものに，これまで"まなざし"や耳や舌が向けられてこなかったのではないだろうか．津々浦々の農山漁村には，ありふれた暮らしの中に生物多様性の構造や機能が潜んでいることがある．

　例えば，生物多様性と暮らしの結びつきを主題にした研究教育の一例を示そう．宮崎県椎葉村に伝統的焼き畑が継承されていて，以前調査をしていた（日鷹　2000）．学生諸君と山や谷を歩き回って調査しただけでなく，まさに山の生物多様性を材料とした山村婦人の手料理を味覚で感じ，焼畑や山仕事の話を聞き，手伝いがてらの実習体験を経験する．山の美しい風景や空気も五感で感じる．最もセンス・オブ・ワンダーを体験してもらいたかったのは，椎葉クニ子さんの600種にも及ぶ植物と暮らしを結ぶ知恵である（斉藤・椎葉　2000）．山村夫人の五感をフルに用いた分類同定技能，生活利用，代々伝わる伝承などなど．植物の知識

図 10 椎葉さん夫妻の焼畑植物講義風景
（日鷹　2000）
まさに，絶滅危惧の「内なる生物多様性」の一事例だろう．
集まりし若者は今や生物多様性の諸事情で重要で多様な役割をそれぞれ演じている．

は，山の畑の植生遷移をモニタリングし，適正で持続的な作物の栽培管理，森林の持続的利用に結びついている．「このヒトここに居り」と伝わってくる彼女の軽快でかつ思慮深い会話に，外から田畑を見つめてきた我々には目からウロコが落ちるというのが正直なところである（図10）．まさに，"センス・オブ・ワンダー"に満ちあふれた暮らし，そこで淡々と生活する人・ヒトの中に潜む生物多様性との結びつき．それは永年の歳月で育まれた「生物進化の歴史」と同様に，永い年月に自然界の中で育まれてきた精緻な技能を感じさせる．このような民間のパラタクソノミスト（para-taxonomist）に農業現場で出会うと事は希だろうか．今日でも漁業者の多くは優れた魚介類のパラタクソノミストであるし，林業者は森林植物のパラタクソノミストであると言えないだろうか．椎葉さんに代表されるような"センス・オブ・ワンダー"に満ちあふれた暮らしの継承に関しては絶滅危機なのに，社会的には十分な支援はなされていない．国際的に見渡せば，熱帯林の保全活動の中で，地域の生活者がパラタクソノミストとして雇用され，分類の補助と伝統的な生物資源利用の参加型の継承をうまく連動させ，生物多様性保全の推進を行っている事例が知られている（大原　2010）．

7．「内なる生物多様性」を再評価・再生する

　外からだけでなく，私たちの内に潜む生物多様性を抽出する感覚で生態系を評価することも重要であるが，わが国の生物多様性事業ではあまり注目されてこな

かったのではないだろうか．自然保護の流れを組んだ RDB 種の保全・再生が農山漁村で注目されてきたが，暮らしの中の生物多様性の保全や再生はあと回しの感がぬぐえない．日本やアジアの農山漁村の持続性の危機を何とかしようとすると，農山漁村に寄り添った「内なる生物多様性」を継承，支援するような研究・教育活動がもっとなされるべきである．愛媛大学では文部科学省現代 GP で環境 ESD プログラム「環境 ESD－瀬戸内の山里海：人がつながる環境教育」(http://web.agr.ehime-u.ac.jp/~seto-eesd/) を展開している．例えば，学生諸君は地方の農山漁村出身者が多いが，米国の大学にも研修に引率した事がある．米国のアグロエコロジーの仲間たちが懸命に持続可能な地域社会を追求している．参加型行動 (Participatory action) の重要性が地域で認識され，食と農を結ぶ食育授業や全米学生を対象とした交流会が開かれ，ダウンタウンでは farmers market が大学共催で開かれている．「これが米国流 Community？」．しかし，郊外に目を転ずれば，ひたすら，巨大な田畑（図 4）が広がり，企業体としての大規模農業が輸出産業を展開している．小さな国の日本人の私たちのまなざしの向こうには，「農村」という集落の Community（集落のネットワーク力）があるようには思えない．

　しかし，帰ってみると田舎の片隅における大学でも同じような事をやってきた私たちにふと気づかされる．里山の風景，農村の暮らしが街の中にも感じられ，純農山漁村が残る松山でも，やれ食育教育で「朝食を食べよう」，「地産地消」，「魚食」など，まさに参加型行動による Community 構築が，大学だけではなく，公民館においても行われている．ここで私が愕然としたのは，明らかに米国とは異なり，いわゆる今森 (2008) の写真のような美しき "SATOYAMA" が目には日常映っているのに，地域社会の現実の中で生じている問題は米国で見てきた参加型行動を必要とする状況にある事に変わりはない．

8．在地の生物多様性と結ぶ生態系サービス

　今や，農村における集落と多様な種や群集の個別の危機を別々にとらえているだけでは不十分である．多様な生物と農山漁村の両者の Community の結びつきをないがしろにして，集落の生物多様性の本体・本質を理解することはできない．

生態系とは，関係性を表す言葉である（小原・川那部・林 1999）．農山漁村の外から見ているばかりでなく，暮らしの中に潜む内からのモノを，さりげなく見逃さないような感覚や行動を伴う里山の生態系評価手法の確立普及が急務である．所詮，生物多様性は人の中にある．全国津々浦々の農山漁村の暮らしの中で埋没したまま消えて行こうとする生物多様性と結ぶ知恵や技能は事欠かない．その数は，生物種数よりも，多様なヒトとの関係性の多様性も加わる分，大変な数字の多様性になる．その膨大な数の「暮らしの中の生物多様性」の関係性を見出し，適切に後世につなぐ努力は，絶滅危惧種の保全，再生と同様に重要な課題のはずである．よそ者の眼で科学者が「外からの多様性」を診ていてもとらえられないものが多い．在所に暮らす方々の「内なる多様性」も大切に診ようとすれば，集落の中にうまく溶け込んでいかない限り適正な評価は進まないであろう．

　今や私たちは，米国の農生態学者が進める地域参加行動型研究（Participatory Action Research）に学ばなければならないのだろうか．海外援助の分野でも，Participatory action はコモンセンスとして，発展途上国の農山漁村における暮らし（livelihood）の改善，再生に重要な役割を演ずると言われて久しい（Pound *et al.*, 2003）．わが国において，農山漁村にさりげなく根づくような生物多様性に関する研究や教育が行われているのかと問われたときに，答えれる人はどれくらい居るのであろうか？　筆者も心もとなさを日常感じている．そういう意味では，Satoyama イニシャチブは私たち日本人にとって自戒のスローガンなのかもしれない．広大な苺畑に負けない（図 12），わが国やアジアの多様な Satoyama における適切さにおいて多様な参加型行動研究が望まれるところである（日鷹 2003）．Agroecology（農生態学）の基礎を築いたとされる地理学者らの Cox and Atkins（1979）は世界中の小さな生活農業（subsistence agriculture）の中の技能・技術に見るべきものがあることを説いた．わが国にもその伝統がないわけではない．Satoyama イニシャチブを標榜するのは，伝統的技能が人々の中にまだ残っているうちに「生物多様性と暮らしを結ぶ」のを急ぐという意味で意義あることである．

　しかし，「生物多様性と暮らしを結ぶ」のを急げと唱えているだけではどうしようもない．里山と里海の未来の持続性は，決して明るいものではない．しかも

わが国だけの問題ではない．また稲守貝の利用がアジア地域に広がり，新たな生態系かく乱を引き起こしているように，目先の利益・利便性・成果などにかまけて，先を急ぎ環境改善のためにと実行したことが裏目に出ることもある．一方，伝統，伝統と言って過去に戻れば，かっての大害虫や病気がリバイバルしかねない可能性もある（桐谷・田付 2008）．ではどうしたらいいのだろうか？

　先の図5で示した一番上部の現行の管理手法において，時・空間レベルにおいて基盤となる下部三層の要因を顧みない生物多様性の利活用は，保全・再生目的であっても環境リスクを伴う場面も今後出てくるに違いない．科学的リテラシーを伴う冷静なフィードバックが必要である以上に，生物多様性の管理は足元の在地からのボトムアップ型の参加型行動でなくてはならない．例えばその萌芽は，重富干潟小さな博物館の活動にみることができる（浜本 2009）．

　前述したように，種の多様性は安定性に結びつくというのはドグマでしかなく，どの空間レベルでも種多様性の増大が必ずしも生態系の安定性に結びつくとは限らない．これまで永い年月の間に，生物と人間が良い関係性として築いてきた生物間相互作用や環境系を人間の働きかけ方として見出し，次世代に「適正な生物多様性」を着実に受け渡す重要な役割は小さな空間レベルほど確実に進めることができよう．日本の環境教育では「地球でここだけしかない」生態系サービスを生物多様性の中から見出す重要性が提唱されている（浜本 2008）．農生態学者の多くも，永年の叡智に育まれてきた在地の小さなただの農業の中に，生態系サービスを巧みに引き出す知恵や技能が内在しており，それを活かした持続可能な社会への転換を目指して，世界中で地域活動を進めている（Gliessman & Rosemeyer 2009）．地域固有の生態系サービスを活かす技の重要性は，沿岸の里海管理においても指摘されている（栗原 編 1988；柳 2006）．このような在地に永年はぐくまれてきた生態学的なプロセスは一見複雑で場当たり的のように見えるが，古老の技能などに精緻な不確定性の総合的管理のスキルが潜んでいることに出会うことがある（日鷹ら 1994）．また見出して再評価するのは，過去のものだけではない．生きものブランド（日鷹 2010b, c）のような生物多様性と新たな社会経済，文化的サービスを結び付ける試みも今後発展させていく必要もあるであろう．食料生産や獲得の場で，絶滅危惧種を保全・再

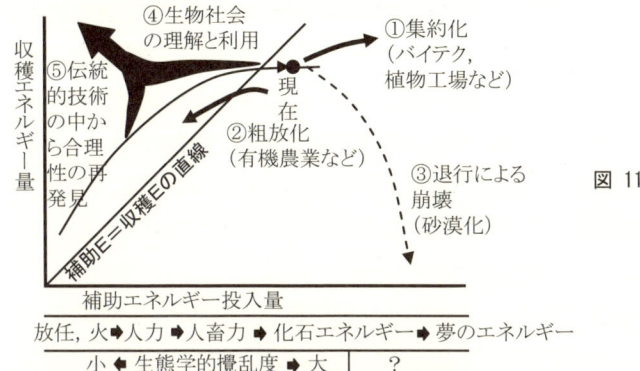

図 11 持続的な農生態系への方向性（日鷹・嶺田・大澤 2008 より改変）

図 12 UCSC 近郊の広大なストロベリー・フィールドでの調査風景（日鷹 2010a より）
ここでも輸出用の有機栽培イチゴが大量生産されている．

生といっても，農業経営や社会資本の維持とうまく摺り合わせができなければ，現場において実際性に乏しい．それは農生態系の機能のエネルギー流で説明すれば，収穫逓減の法則のジレンマ（宇田川 1976）にとらわれない，言いわば温故知新による持続的な方向への大きな転換（図 11 の④⑤）を意味するものである．

9. 結び

E.O.Wilson 博士が提唱した Biological diversity とは，保全と利用の二つの間で揺れるまなざしの向け方と付き合い方である（日鷹 2010de）．この二律相反に陥らないように，自然と共存共栄する持続可能な社会構築のための再生が地域社会に求められている．里山や里海には多様な生物と結びつく知恵が内包されており，それが美しい景観とともに維持してきたことを，生物多様性の描写とともに持続性モデルとして提案する意義は大きい．そのためには，農山漁村の生物多

様性の過去・現在を村々の内側から見つめ直す必要がある．「内なる生物多様性」の中には，農山漁村でありふれた暮らしの中に潜むものもある．農生物多様性（agro-biodiversity）と呼ばれているものは（日鷹　2010c），内なる生物多様性のわかりやすい一つである．品種，栽培，狩猟採集，料理，医療など「自然と結ぶ」多様な食・農・漁の文化には生物多様性が内包されている（田中編　2000）．ヒトやムラの外から見た生物学的・経済的な多様性ばかりにとらわれずに，自然と結ぶ技術・技能を適正に評価し，次世代に継承することこそが切望されている．

　近年の農学においては，準平原化し集約的に行われてきた農業生産や農村の管理（津野　1991）は一見生態系を単純化してきた不安定系の歴史と強調されすぎるきらいがある（日鷹・中筋　1989；日鷹　2000）．何千年と永年続いてきた田畑や農村の環境の多様性の評価や管理の技能の中には，正のフィードバックを伴う順応的なモノも少なくなく，世界的には小さな文化にそれが潜んでいる．多くの生物とうまく対立せずに共存共栄する（高橋　1989）には，身近な些細なありふれたモノから所作について学ぶべきことが多いに違いない．それは科学的リテラシーに基づき，ビジネスライクでありながら，生き物文化誌でいうと「もののけ」までも寛容できるくらい（参照　生き物文化誌学会 HP）妙に反自然ではなく（日鷹　2010e），物心両面で豊かな生物多様性が広まることを意味するであろう．

　なお，本論文には，文部科学省科学研究補助金 11660324, 20380180, 21380134, 22320002 および環境省地球環境総合研究推進費 D-0906 の一部が使われていることを付記しておく．独立行政法人農村工学研究所の嶺田拓也博士には御校閲，貴重なコメントをいただいたこの場において謝意を表したい．

引用文献

Altieri, M. (1995) Agroecology: the Scientific basis for alternative agriculture. West View, 448p.
Andow, D. (1991) Annual Review of Entomology. 36：561-586.
Berg, M.P. (2010) Community Ecology-Processes, Models and Applications, Verhoef, H.A and P.J.Morin eds, Oxford University Press, New York, 69-80.
Carlson, N. O. L., Broenmark, C & Hansson, L-A (2004) Ecology 85：1575-1580.

Cox, G.W. and M. D.Atkins (1979) Agricultual Ecology. W.H.Freeman, 721p.
Elphick, C.S.(2000) Conservation Biology 14:181-191.
Elton, C.(1958) 邦訳（1971）：侵略の生態学（川那部浩哉ら監訳）思索社 238p.
藤岡正博　(1989) 水辺の環境保全.（江崎保男・田中哲夫　編）朝倉書店, 34-52.
Gliessman, S. R. (1998) Agroecology：CRC/Lewis Publishers, 357p.
Gliessman, S. R.& M Rosemeyer (2009) The Conversion to Sustainable Agriculture. CRC, Press, 370p.
Grant P. R. and B. R. Grant (2008) How and Why species multiply. Princeton, 256p.
浜本　麦　(2009) 日本生態学会誌　59(3)：335-338.
浜本奈鼓　(2008) 地球でここだけの場所．南方出版社, 229p.
日鷹一雅・中筋房夫　(1990) 自然・有機農法と害虫　冬樹社．292p.
Hidaka, K (1993) FFTC Extension Bulletin No.374：1-15.
日鷹一雅　(1993) 徳島県立博物館研究報告, No.3：1-24.
日鷹一雅　(1994)「ただの虫」なれど「ただならぬ虫」．インセクタリウム Vol.31：240-245, 294-302.
Hidaka, K（1997）Biological Agricilture & Horticulture 15：35-49.
日鷹一雅　(1998a) 日本生態学会誌　48：167-178.
日鷹一雅　(1998b) 水辺の環境保全.（江崎保男・田中哲夫　編）朝倉書店, 125-151.
日鷹一雅　(1999) 有機農業ハンドブック.日本有機農業研究会　編,コモンズ/農文協　71-78.
日鷹一雅　(2000) 自然と結ぶー「農」にみる多様性. 昭和堂, 194-221.
日鷹一雅　(2003) 自然再生事業.（鷲谷いづみ・草刈秀紀　編）築地書館 69-91.
Hidaka, K.(2005) Proceedings of the World Rice Research conference, eds. By Toriyama, K., Hoeng, KL. & Hardy, B. IRRI, 337-339.
日鷹一雅・嶺田拓也・榎本　敬　(2006) 保全生態学研究　11(2)：124-132.
日鷹一雅　(2006) 有機農業学会年報　6号：72-90.
日鷹一雅・嶺田拓也・徳岡美樹　(2007) 農村計画学会誌 9：347-352.
日鷹一雅・嶺田拓也・大澤啓司　(2008) 農村計画学会誌 10：16-20.
日鷹一雅　(2010a) 地球のこども　環境教育フォーラム　21(4)：21-22.
日鷹一雅　(2010b) 地球環境事典　弘文堂 222-223.
日鷹一雅　(2010c) 自然再生ハンドブック, 日本生態学会　編, 175-187p.
日鷹一雅　(2010d) 昆虫と自然　45(11)：28-33.
日鷹一雅　(2010e) 私たちの自然, 日本鳥類保護連盟 51(No.561)：16-17.
Hirai, T. & K. Hidaka　(2003) Ecological research 17(6)：665-661.
今村重元　(1932) 二化メイ虫及びウンカに寄生する糸片虫(2) 応用動物学雑誌 4：176-179.
今森光彦　(1988) 里山の贈り物　日本の原風景. 世界文化社, 40p.
Ishijima, C., A. Taguchi, M. Takagi, T. Motobayashi, N. Nakai & Y. Kunimi (2006) Appl. Entoml. Zool. 41(2)：195-200.
伊藤一幸　(2005) 雑草研究　50(3)：193-198.
橘川次郎　(1980) 生物科学 32：45-56.

橘川次郎（1994）Bull. Mar. Sci. Fish., Kochi University, No.14：3-14.
橘川次郎（1995）なぜ，たくさんの生きものがいるのか？　岩波書店, 148p.
桐谷圭治・中筋房夫（1977）害虫とたたかう．NHKブックス, 229p.
桐谷圭治（2004）ただの虫を無視しない農業．築地書館, 192p.
桐谷圭治・田付貞洋（2009）ニカメイチュウー日本の応用昆虫学, 290p.
栗原　康（1988）河口・沿岸域の生態とエコテクノロジー．東海大出版会, 335p.
松井正春・植松　勉・上路雅子（2001）新版 植物防疫．(社）全国農業改良普及協会, 359p.
松田裕之（2000）環境生態学序説．共立出版, 211p.
松田裕之（2011）生物科学, 62(2)：111-114.
嶺田拓也（1997）日本雑草学会中国・四国研究会会報, 9：1-11.
守山　弘（1997）水田を守るとはどういうことか？　生物相の視点から．農文協, 205p.
Nakasuji, F. & V. A. Dick (1984) Res.Popul. Ecol., 26：124-133.
中筋房夫（1999）総合的害虫管理学，養賢堂, 273p.
中山誠二（2010）植物考古学と日本の農耕の起源．同成社, 302p.
日本プランクトン学会・日本ベントス学会編（2009）海の外来生物．東海大出版, 298p.
農林水産省（2010）平成21年度中国四国食料・農業・農村情勢報告, 農林水産省, 184-190.
大場信義（2004）用水と廃水　46(1)：57-62.
小原秀雄・川那部浩哉・林　良博（1999）対論：多様性と関係性の生態学　農文協　195p.
大原昌弘（2010）昆蟲（ニューシリーズ）13(2)：83-92.
Paoletti, M. G., M. R. Favretto, B. R. Stinner, F. F. Purrington & J. E. Bater. 1991. Agri. Ecosys Environ. 34：341 - 362.
Perfecto,I, J. Vandenmeer and A. Wright(2009) Nature's Matrix, Earthscan Pubns.
Pound, B., S. Snapp, C. McDougall & A. Braun eds.(2003) Managing natural resources for sustainable livelihoods-Uniting Science and Participation. Earthscan, UK. 252p.
田中耕司 編（2000）自然と結ぶ ー「農」にみる多様性．昭和堂, 304p.
津野幸人（1991）小農本論ー誰が地球を守ったか　農文協　210p.
斉藤政美・椎葉クニ子（2000）おばあさんの植物図鑑．葦書房　237p.
佐々木広堂・吉原賢二（2011）生物科学 62(2)：111-114.
白川部達夫・山本英二 編（2010）村の身分と由緒．吉川弘文館 219p.
高橋史樹（1997）対立的防除から調和的防除へ．農文協　185p.
玉城哲・旗手勲（1974）風土ー台地と人間の歴史．平凡社, 332p.
宇田川武俊（1976）環境情報科学 5：73-79.
宇根　豊・日鷹一雅・赤松富仁（1989）減農薬のための田の虫図鑑．農文協, 89p.
宇根　豊（2003）除草剤を使わないイネつくり．稲葉光國編, 農文協, 163-171.
柳　哲雄（2006）里海論．恒星社厚生閣, 102p.
Wada, T. (2004) JARQ 38(2)：75-80.
渡辺　修・大谷一郎・日鷹一雅（2010）農業及び園芸, 85(4)：420-424.
E.O.Wilson（2010）創造ー生物多様性を守るためのアピール．紀伊國屋書店, 253p.
山崎不二夫（1996）水田ものがたり．農文協, 188p.

第3章
作物生産における生物多様性の利用

辻　博之
（独）農業・食品産業技術総合研究機構　北海道農業研究センター

1. はじめに

　作物生産と生物多様性との関係は，以下の3つレベルで課題をかかえている．第1は共有財産である作物種の遺伝子レベルの多様性をいかに保全し，その資源を有効に利用していくか．第2は作物生産が生物多様性に対する悪影響を及ぼす点であり，特に近年栽培が広がっているGM作物の影響についてである．また，作物生産場面における生物多様性の評価については，GM作物との関係での評価が先行しているが，環境調和型の作物生産技術の評価には，生物多様性に及ぼす影響評価も有効と思われることからそれらへの期待も述べたい．第3は作物生産そのものの多様さが危機にひんしていることであり，多様な作物生産を持続することが，地域の環境と資源を有効活用し作物を持続的に生産していく上で重要であることと，そのような地域の作物生産が生物多様性に及ぼす悪影響を食い止めるのに役立つことについて述べてみたい．

2. 作物種の遺伝子レベルの多様性

　個々の作物の品種は，多様な性質を有しており，人間はそれらの有用な性質を発現させる遺伝子を，他の有用な性質を持つ品種に組み込むことで品種改良を行ってきた．
　その結果，栽培作物の遺伝的背景は多様とは言えない状況になっている．例え

ば，2009年にわが国で生産された米の収穫量は 8,455 千 t であったが，その約 67%は「コシヒカリ」，「ひとめぼれ」，「ヒノヒカリ」，「あきたこまち」「はえぬき」の生産量上位 5 品種で占められる．また，「ひとめぼれ」以下の 4 品種は「コシヒカリ」とその後代を親に持つ品種である．吉田ら（2009）はこれらの品種の家系を解析し，これらの日本で栽培されている主要なイネ品種は「コシヒカリ」との近縁係数が 0.5 を上回る，「コシヒカリ」の近い親戚にあたることを示している．

表 1　平成 21 年度水稲の生産量上位 5 品種の収穫量とコシヒカリとの近縁係数

収穫量順位	品種	作付面積	収穫量		コシヒカリとの近縁係数	葉いもち抵抗性
			実数	割合		
		ha	t	%		
	全体	1,521,000	8,455,000	100.0		
1	コシヒカリ	501,100	3,094,000	36.5	1.000	弱
2	ひとめぼれ	158,200	842,700	10.0	0.796	やや弱
3	ヒノヒカリ	157,200	805,300	9.5	0.608	やや弱
4	あきたこまち	119,700	656,700	7.8	0.615	やや強
5	はえぬき	42,200	258,400	3.1	0.535	やや強

近縁係数は吉田(2009)
葉いもち病抵抗性はイネ品種データベース検索システム（作物研究所）より

このように遺伝的な多様性が低い品種だけが栽培される状態は，病害に対する危険が大きいといわれている．19 世紀にアイルランドで起こった「ジャガイモ飢饉」は，当時ヨーロッパで栽培されていた品種が特定の多収品種に偏り，茎疫病に対する抵抗性が弱かったため大きなダメージを受けたことが引き金になり，深刻な状況に陥ったといわれている．日本のイネの品種は，「いもち病」のような主要病害に対してはある程度の抵抗性を持つものが選抜されており，もともと「いもち病」に対する抵抗性が低い「コシヒカリ」についても，「いもち病」に対する抵抗性を持つ複数の系統（Blast Resistance Lines）を栽培することで，病害の危険を減らしている．しかし，新たな病害の発生や，病原性レースの変異は絶えず起こっており，これらに対して備えを持つ必要がある．また，作物生産を脅かすリスクは病害だけではない．今後，地球温暖化がさらに進むことが予測され

ている中で，温暖化に伴う乾燥化や気象変動に備える必要がある．

その中で取り組むべき最優先の課題の一つは，環境ストレスに耐性を持つ品種開発であり，多様な作物遺伝資源は，作物の収量性，耐乾性，耐湿性，耐病性等を改良し，食糧需給を安定させるために絶対に必要な素材である．作物の野生種や，その後世界に伝播する過程で多様化した在来種は，長い間に様々な病原菌の攻撃や不良環境にさらされながら生き抜いてきたため，現代的な品種が持ち合わせていない多様な遺伝子を持っている．しかし，それらの多くの野生種や在来種は，生息する地域の開発による環境破壊，文化・慣習の変化と，改良品種の導入およびそれらとの交雑等により失われつつある．野生種や在来種はその生息域や原産国内での保全が望ましいが，生物遺伝資源を使用する立場では，遺伝資源の収集・保存を急いで進めることが必要であり，種子の収集と保存が行われている．

遺伝資源の収集と保存はこれまで国家機関や国際研究機関が大きな役割を担ってきた．わが国における植物遺伝資源の収集は（独）農業生物資源研究所のジーンバンクを中心に植物を含む生物遺伝資源の収集と保存が行われ，遺伝資源は，試験研究目的または教育目的で配布されている．しかし，遺伝資源の探索，収集分類・同定・特性評価には専門家が必要であり，そうした専門家の養成や施設の継続的な整備と運用には，財政的な裏付けが必要とされる．同時に，遺伝資源を農業生産に有効に活用するには，効率的な育種技術の開発も必要である．

3. 作物生産が生物多様性に及ぼす影響

(1) 作物生産が生態系から得るものと多様性に及ぼす罪

作物生産は生物の多様性と多様な生態系から得られるサービスによって支えられてきた．作物生産における生態系サービスのわかりやすい例は，森林に貯水された水資源を利用して作物生産を行っていることが挙げられる．また，伝統的な焼畑農業や三圃式農業では農地の土壌養分の回復を森林や自然草地に求めてきた．わが国における「里山」の利用も，下草や落葉を堆肥化し農地に土壌養分を供給する役割を担ってきた時代がある．また，現代の農業でも果菜類の生産に着果を促進するためにマルハナバチやセイヨウミツバチを導入しており，人力で受粉作業を行う場合に比べて大幅な省力化がはかられている．

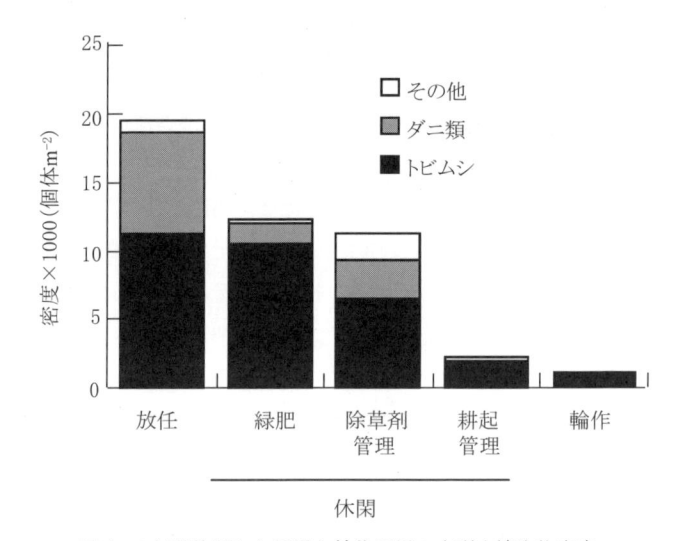

図1 3年間休閑した圃場と輪作圃場の中型土壌生物密度

(Miyazawa *et al*. 2002 を筆者改変)

放任は耕作放棄地と同様に何もせず，緑肥はヘアリーベッチやクローバなどのカバークロップで雑草を抑えた．除草剤管理は3年間一切耕起を行わず，1年に3回除草剤を散布して雑草の発生を抑え，耕起管理は年間5から6回の耕起を行って雑草を管理した．
輪作区は大豆-小麦-ばれいしょ-てん菜の輪作で土壌の攪乱は年2回（調査時は大豆）

　このような恩恵をもたらしてくれる生態系とその生物の多様性に対して，作物生産はネガティブな影響を及ぼすことが多い．作物生産場面では，目的とする作物を保護するために耕地内に生存する他の生物の活動を抑制する．また，現在の農薬は以前に比べて毒性は低下したが，以前農地で使用されていた農薬の毒性は強く，その影響は耕地内に留まらず周辺の生物にも及んだ．農薬などに比べると見逃されがちだが，じつは耕起や有機物の施用が生物相に及ぼす影響も大きい．図1と図2は管理方法を変えて休閑した3年目の圃場と慣行の輪作圃場において，土壌中の中型土壌動物と線虫を調査した結果を示したものである．中型土壌動物の密度は耕起の回数が多い耕起管理区で低く，これに比べて除草剤を多用する除草剤管理で高く，種類も多かった（図1）．この他，中型土壌生物は土壌の攪乱が少ない放任区，土壌表面が被覆される緑肥区で密度が高く，通常の輪作で最も密度が低くなった．

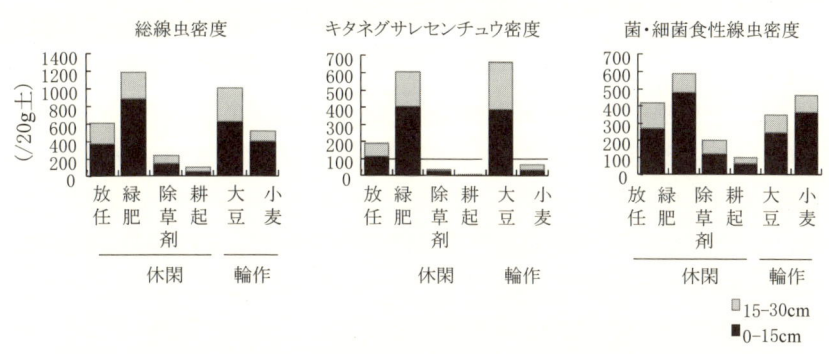

図2 休閑期間の管理方法と輪作区の作物(調査時)が線虫の密度に及ぼす影響
(辻 2004 より筆者改変)

一方,全線虫密度は緑肥区と輪作区(調査時大豆)で高く,除草剤管理区と耕起管理区の密度は低かった.菌・細菌食性線虫は多様な種の線虫群であり,土壌中の菌や細菌を捕食している.これらの線虫は有機物供給や作物の根が存在する放任区,緑肥区,輪作区で高い密度を示した.菌・細菌食性線虫の密度は餌となる炭素源(有機物)が圃場へ供給される量と種類の増加に左右されるものと考えられる.また,有機物の供給時期の多様化もこれらの密度を高め,結果的に耕地内の生物多様性を高めるものと考えられる.なお,緑肥区と輪作区(大豆)の病原性線虫であるキタネグサレセンチュウの密度は,寄主作物である大豆やヘアリーベッチを栽培したことで高くなった.同一作物を今後も連作すると,病原性線虫をはじめとする少数の種が増殖し,作物生産を阻害する要因になる.

このように,作物生産のために管理された耕地は,必ずしも生物の多様な生息に適した場所とは言えないが,その中で輪作や有機物の投入を行うことで,生物間のバランスが維持されるこがわかっている.

(2) GM作物と生物多様性

遺伝子組換作物(GM作物)も生物の多様性にとって脅威である.GM作物は1996年に商業栽培が始まり,2006年には25カ国で1億ha以上作付けされている.GM作物が生物多様性に及ぼす影響は1)雑草化による周辺生物相への影響,2)非標的昆虫への影響,3)花粉飛散による交雑と混入,4)導入遺伝子の水平伝播とされている.国内におけるGM作物の使用は,「遺伝子組換え生物等の使

用等の規制による生物の多様性の確保に関する法律（カルタヘナ法）」により規制され，その中で生物多様性影響評価が行われることになっている．

今のところわが国での遺伝子組み換え作物の栽培は本格化していないが，栽培または輸入による利用を環境大臣および農林水産大臣が承認した遺伝子組換え農作物は，2010年11月1日現在10種（牧草類，イネ，大豆，トウモロコシ，てん菜，セイヨウナタネ，花卉類）の作物128種類にのぼり，これらは生物多様性に影響が生ずるおそれがないものとして承認されている．また，農林水産省では利用の承認後も予想外の生物多様性への影響が生じていないかを調べるため，セイヨウナタネの輸入港周辺（12地域）の概ね半径5km以内を調査対象地域として，遺伝子組換えセイヨウナタネの生育状況や，遺伝子組換えセイヨウナタネとカラシナまたは在来ナタネとの交雑を調査した（農林水産省 農産安全管理課 2010）．その結果，こぼれ落ち等によって雑草化した遺伝子組換えセイヨウナタネが見つかった地域は，12地域のうち8地域であること，遺伝子組換えセイヨウナタネとカラシナ又は在来ナタネとの交雑個体は見つからなかったことが報告されている．

日本におけるこれらの評価がGM作物の雑草化を対象にしているのに対して，イギリスではGM作物の商業栽培を承認する前にFarm Scale Evaluations（FSE）という実規模栽培における生物多様性評価を，1作物あたり60カ所以上の圃場で行っている（澤田 2007）．この評価では除草剤耐性遺伝子組み換えトウモロコシ，ナタネ，てん菜を対象作物にして，雑草，鳥，中型土壌動物（ダニやトビムシなど）および昆虫に及ぼす影響を中心に評価している．ここでは，GM作物が直接生物多様性に及ぼす影響以外に，GM作物の導入に伴う作物管理法の変化に着目し，評価の対象を直接影響が及ぶ雑草と昆虫に限らず，食物連鎖や住みかが関与する生物まで対象を広げて評価を行っている．この方法は，農地における管理方法と生物多様性の関係を整理したといえる．

(3) 生物多様性の価値を共有するための課題

生物多様性の保全を目的とした作物生産の技術開発と，その導入に向けた施策を進めるには，実用規模での生物多様性評価手法をGM作物の影響評価以外の場面にも拡げる必要がある．同時に評価で大切なのは，評価の価値を広く共有でき

る指標で示すことである．前述した，GM 作物が生物多様性に及ぼす評価は，評価にたずさわる科学者には重要性が良く理解でき，GM 作物導入の可否の判定には適正な評価指標であると評価できる．しかし，ダニトビムシのような生物が，より広い場面で大勢の人間に共有させる指標として適当かというと大いに疑問が残る．農業技術者が生産場面において生物多様性を守るのに必要な新しい作物生産技術に取り組む場合，もう少しわかりやすい指標で技術が評価される必要がある．

　これまで，作物生産技術の価値は技術普及による経済効果や，効果の波及範囲を生産者に限定した農家経営単位での経済効果で評価されることが多かった．現在，生物多様性と生態系のサービスの経済的評価について議論が進められているが，その整備が進むことが生物多様性の保全に向けた，作物生産技術の開発と，その導入に向けた施策を進める上で大きな鍵を握ると考えられる．

4. 作物生産の多様性地域の環境と資源の有効活用と持続的作物生産

(1) 作物生産の制約と作付体系の多様化

　これからしばらくは，適正な作付体系（特に輪作）を維持し，多様な作物生産を持続することの重要性について述べることとする．なぜなら，地域の環境と資源を有効に活用しながら，多様な作付体系で作物生産を持続することが，生物多様性喪失要因の内の Over-use, Under-use を避ける上で重要であるからである（生物多様性喪失要因の 3+1 の危機は Over-use, Under-use, 外来種や汚染などによる種の撹乱＋気候変動とされている）．

　農耕を始めた人類は，限られた資源（土壌養分と気象条件）と社会的な資源（土地と労働力など）を最適に活用するための農業生産システムを作り上げてきた．これが作物選択と作付体系に反映され，多様な生産活動が発達してきた．作付体系は一つの圃場における時系列的な作物の配置（連作，輪作，田畑輪換など）と，空間的な配置（間作，混作）を論じる際の概念である（図 3）．しかし，現在ではその概念を拡げて，経営体や集落または，より広域での物質の循環を念頭に置いた耕地利用方法として捉えることが増えてきた．

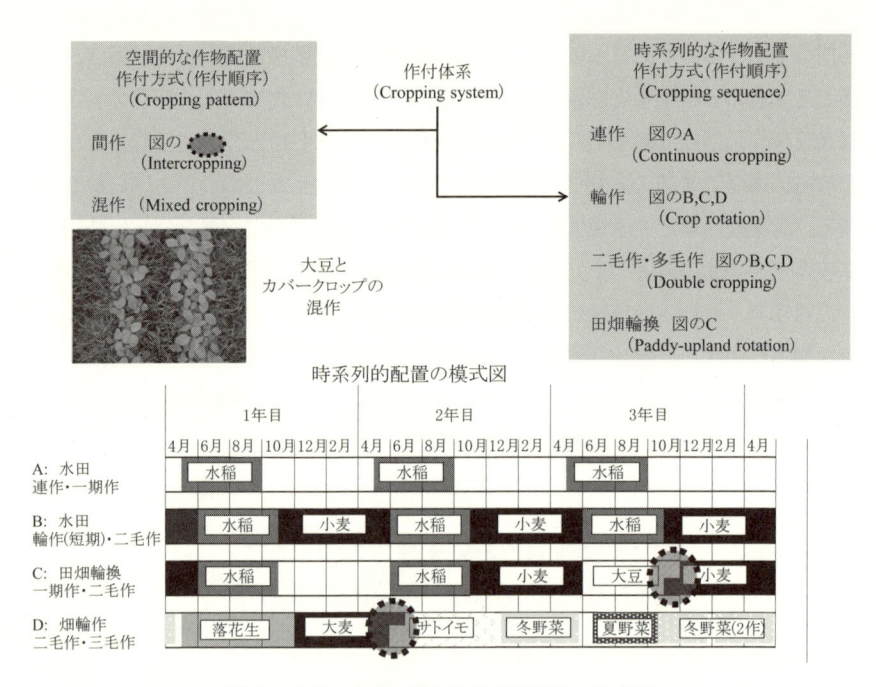

図.3 作付け体系の概念と時系列配置の模式図

　輪作や混作などの作付体系は前近代的な農業システムでは永続的な農業生産に必要な土壌養分（地力）の回復をはかる有効な手段として重要な意義を持っていた．地力維持は農業を継続する上で最重要課題であり，その維持手段は，作物の収穫によって持ち出された土壌中の養分を，マメ科作物との輪作によって補うことや，地域で生産される有機物の投入によって養分を補給すること，すなわち地域内で循環する以外になかったからである．

　一方，水資源は大気の循環に伴い地球上に再配分されるが，半乾燥地域における作物生産は，地力以上に水資源による制約を受ける．そこで，半乾燥地では主食のイネ科雑穀類と乾燥に強いマメ類（ササゲ等）との混作（2種類以上の作物を同時期に一つの圃場で栽培）を行い，生産を安定化させている．同様に，雨季に水を多く必要とするイネやソルガムを栽培した後，残った土壌水分で乾燥に強いラッカセイ等を栽培する輪作も，水資源を有効に活用する作付体系の一つである．

雑草の抑制は,除草剤や除草機を使っている現在においても労働負担は大きく,機械化が進んだ北海道でも大豆作の作業時間の約 60％を除草時間が占めている.まして,人力による除草に頼るしかなかった時代においては,雑草抑制は作物生産の継続を左右する課題だった. R. E. Phillips と S. H. Phillips は（1984）,耕起作業の必要性を 8 項目に整理し,その第 1 番目に雑草を防除することを挙げている.かつて,欧米で行われた三圃式農業は,輪作体系の中の休閑中に耕起を行うことで,効果的に除草をする期間を設けることにより持続的な作物生産を可能にしていた.これが,現代的な一斉収穫,一斉耕起を行う機械化農業へとつながってきた.これに対してアジア（日本も含む）やアフリカの農業は耕地を有効に利用するために,1 年に複数の作物を栽培し,作物の収穫前に他の作物を条間に播種する間作という作付体系が発達した.そこでは,雑草は中耕により除去され,その後に作物の播種が行われた.

このように,作物生産を制限する様々な条件とそれを回避するための対処の違いが,作付体系と作物生産システムを多様化させてきたといえる.そして,それは同時に地域内の養分循環や気象資源を合理的に活用するために成立した生産システムでもあった.

(2) 単作化による効率的な作物生産と現代の輪作の意義

これに対して,現在の商業的な作物生産は経済的な合理性が重視され,収益性が高い作物の生産に経営資源を集中し,1 つまたは少数の作物を生産することで効率的な生産を行っている.それを可能にしたのは,循環系外からの肥料成分や灌漑水の供給であり,豊富な窒素栄養条件でも倒伏しにくい多収品種の開発であった.また,農薬,施設,農業機械などの生産技術の開発は品種のポテンシャルを引き出し,作物生産の向上と効率化に大きな役割を果たした（図 4）.現在の食料供給は北米や南米の小麦,大豆やトウモロコシなどの効率的な連作に支えられているのが現状である.

しかし,現在の作物生産においても,輪作などの作付体系は土壌病害の抑制,労働ピークの分散,水資源の有効利用および生産物の価値と生産の安定・向上をはかる手段として大きな意義を持っている.また,非効率的に見える作付体系が,実は非常に合理的であることが明らかになってきた.例えば,樹木と草本性の作

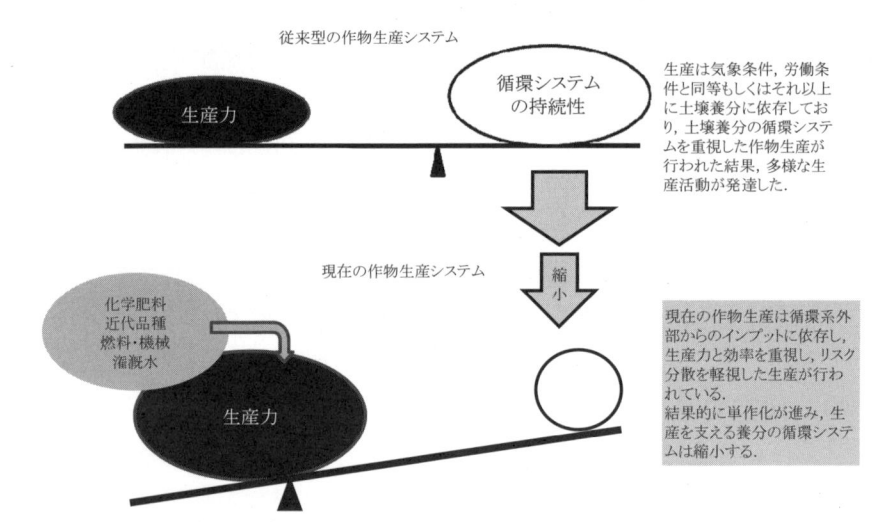

図4 作物生産システムにおける生産力と循環システムのバランスの概念図

物を混作するアグロフォレストリーは，熱帯を中心とした発展途上国で生育地の気象・水資源を有効に利用する作付体系として注目されている．

また，地球温暖化に伴う耕地の乾燥化が予測される中で，半乾燥地の伝統的な混作も見直されている．アグロフォレストリーや混作で栽培される深根性の樹木やセスバニアというマメ科作物は，湿った土壌層から水をくみ上げ，乾いた土壌表層に水を供給している．これを「Hydraulic Lift」という．最近，その水が浅い根しか持たない作物に利用されている現象が確かめられた（図5）（関谷と矢野 2002, Hirota et al. 2004）．このように，生産現場で長い間に培われてきた作付体系は機能の上でも非常に合理的であることが多い．

また，今世紀中に農業生産に必要なリン酸資源が枯渇する可能性が指摘されており，持続的な農業生産を続けていく上で大きな問題となっている．植物が直接吸収できる土壌養分は土壌中の水に溶けたイオンの状態で存在するが，リン酸イオンは土壌中のアルミニウム，鉄，カルシウムと結合してほとんど水に溶けない．わが国はリン鉱石を生産せず，100％輸入に依存しており，肥料や農畜産物に形を変えて輸入している量も多い．国内に持ち込まれるリンの総量は年間約70万

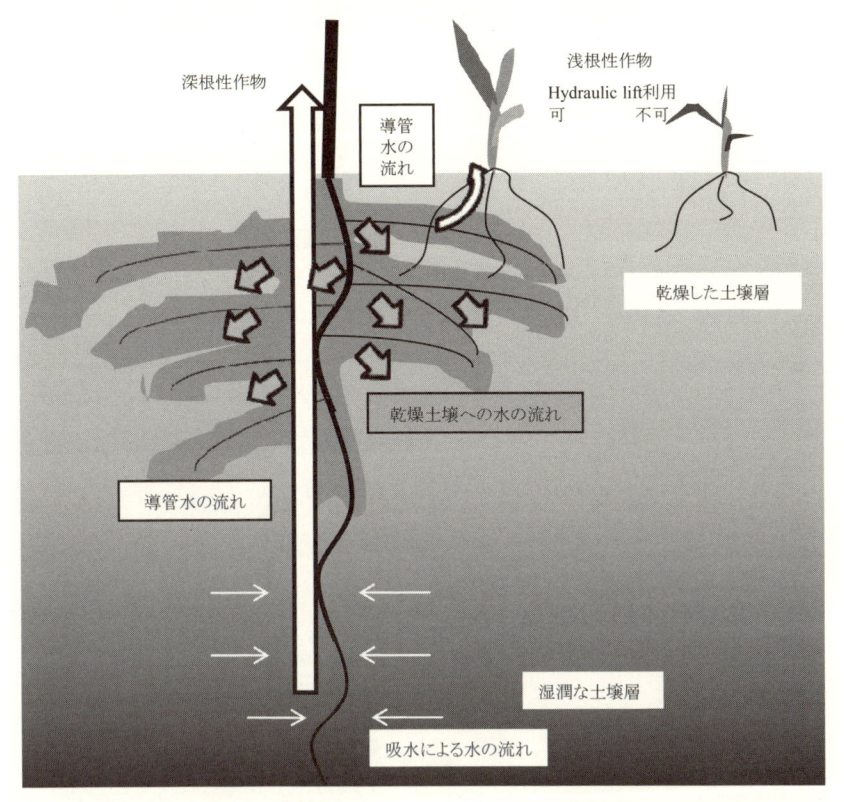

図 5 混作における「Hydraulic lift」の模式図
（関谷と矢野 2002 を参考に筆者作図）

深根性作物は深層の湿潤な土壌から吸水し，乾燥した表層土壌に水を供給している．浅根性の他の作物は，深根性作物から土壌に供給された水を利用して生育する

t と見積もられているが，それらは土壌に約 53 万 t 蓄積されるとみられており（黒田ら 2005），これらを有効に活用することが農業生産場面で求められている．土壌に蓄積するリンを有効に利用するために，土壌や土壌中の有機物からリン酸を遊離させる，キレート作用や分解酵素を根から多量に分泌させるための遺伝子改変の研究も進められているが，圃場レベルで機能する技術には至っていない（矢野 2010）．これに対して，ラッカセイやインドなどで栽培されるキマメは，この土壌中のアルミニウムや鉄と結合した難溶性のリンを溶解し，利用できること

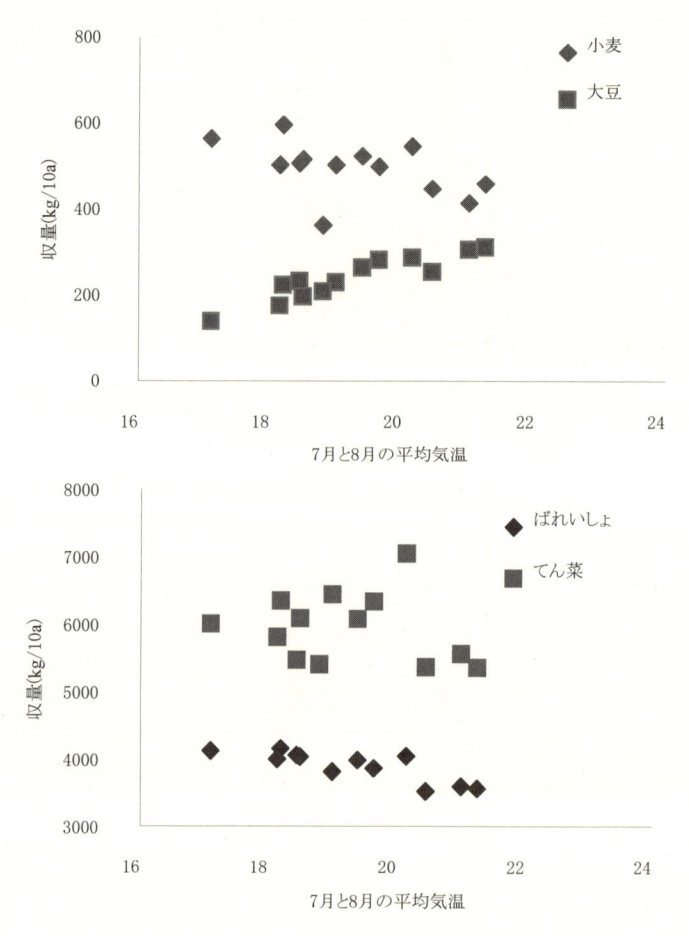

図6 十勝地域の7月と8月の平均気温と作物収量との関係
小麦，大豆，てん菜は1997年から2009年まで，ばれいしょは1997年から2008年までの旧十勝支庁平均．気象データは帯広市のデータを用いた．

が知られており（Ae *et al.* 1990, Ae and Otani 1997），従来の混作や輪作においては，作物間をつなぐアーバスキュラー菌根菌や，前述した「Hydraulic Lift」などの作付体系に付随した機能を介して，周辺の作物にリン酸を供給することが期待されている（矢野　2010）．このように，「Hydraulic Lift」現象やキマメによるリン酸の可溶化が比較的最近明らかになったことからわかるように，輪作

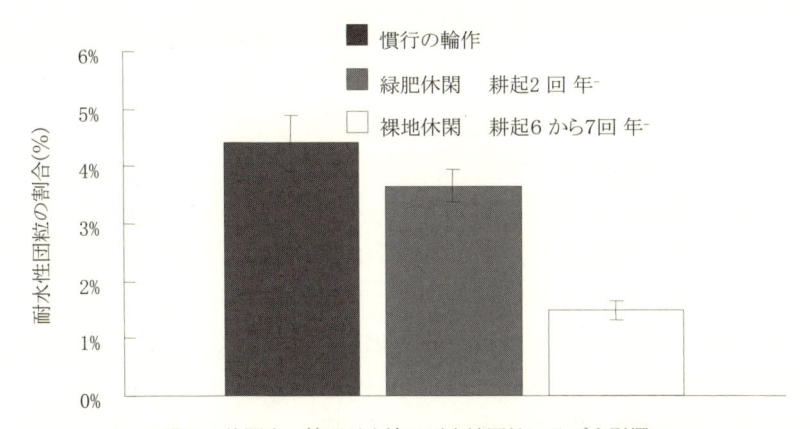

図7　休閑中の管理が土壌の耐水性団粒に及ぼす影響
もともと輪作を行っていた火山灰土（北海道芽室町）の圃場の一部を，緑肥管理と耕起による裸地休閑に変えて2年経過した圃場から土壌をサンプリングし，水の中で篩って壊れない団粒の（1mm以上）重さを調べた．

や混作の中には今後の資源欠乏や気象変動に対処する際に参考になる現象が，未解明のまま残っている可能性があり，その発見と評価が今後重要になるだろう．

　輪作は気象災害による減収リスクを回避する上でも優れた生産システムである．国内において最も大規模な畑輪作は北海道東部における，てんさい，ばれいしょ，小麦，マメ類を中心とした輪作である．北海道の農業における最大のリスクは，夏期の低温による減収である．図6に十勝地域の7月と8月の平均気温と小麦，大豆，ばれいしょ，てん菜の収量との関係を示した．ダイズの収量は7月と8月に低温だった年に収量が低い傾向が見られる．このような関係は水稲などでも見られる傾向である．これに対して，小麦とばれいしょの収量は低温年に高くなる傾向が見られる．このように，複数の作物を作ることで気象条件によるリスクは分散され，生産者の収入はある程度安定し，次年度の再生産が可能となることで作物生産は持続される．

　適正な作付体系（特に輪作）を維持することは，Over-use, Under-use 対策にもなり得るとこの章の冒頭でも述べた．作物の連作栽培はそれが効率的な生産であるが故に，土壌養分の収奪や地下水の過剰利用になりやすい．現在の新たな穀倉地帯である南米の熱帯雨林が伐採されて耕地になっているのも事実である．ま

た，連作は特定の雑草や病害性微生物を増やすため，農薬等の使用や減収対策としての肥料使用が増えやすく，地下水や周辺の生物への影響拡大が懸念される．過剰な耕起も土壌有機物および土壌水分の消耗や土壌浸食の拡大を招く．図7は慣行栽培と，緑肥栽培による休閑した土壌中の耐水性団粒（水中で篩いにかけた後に1mm以上の大きさで残る団粒）の割合と，年に6回から7回耕起した土壌中の耐水性団粒の割合を示したものである．これを見ると，1年に2回程度の耕起を行う慣行栽培および緑肥管理に比べて，過剰に耕起を行って裸地管理を行った土壌の耐水性団粒は少なく，土壌が細粒化していることがわかる．このような土壌は浸食の影響を受けやすくなり周辺に多様な影響を及ぼす．

適正な輪作を維持することはそれらの問題を解決に導く方法の一つである．一種の Over-use を輪作体系で回避している例として，カナダ内陸部の春まき小麦地帯の特に降水量が少ない地域で行われる休閑と春まき小麦の輪作をあげることができる．ここでは隔年に小麦を栽培し，休閑中は水分の消耗を避けるために耕起を行わない．さらに麦の刈り株を高くすることで雪をトラップし，小麦生産に必要な水を確保している（Campbell *et al.* 1992）．

一方，わが国では農家戸数の減少と，農業従事者の高齢化が急速に進み，農地の不作付け地が増加し耕地の Under-use が問題になっている．耕地の周辺に存在する里山の利用はもとより，耕地自体の利用率低下も著しい．耕地利用率（作付延べ面積÷耕地面積）は1960年には134％あり，暖地では2毛作が行われるのが一般的であった．しかし，耕地利用率は1994年に100％を切り，2006年現在93％まで低下した．この間耕作放棄地（以前耕地であったもので，過去1年間以上作物を作付けしていない土地の内，この数年の間に再び作付けする考えのない土地）は増加し，38.6万 ha あるといわれている（2005年農林業センサス）．また，平成20年度に行われた，耕作放棄地全体調査（耕作放棄地に関する現地調査）では，一定程度の管理が行われている休耕地を除く，全国の耕作放棄地は28.4万 ha とされ（図8），農地の荒廃が進んでいる現状が明らかになった．この面積は2006年に栽培された麦類（小麦，2条大麦，6条大麦，裸麦の合計約27.2万 ha）を上回る．耕作放棄のような Under-use 対策として，カバークロップのような緑肥の利用が有効と考えられており，一時的に耕作されない耕地の保全対策

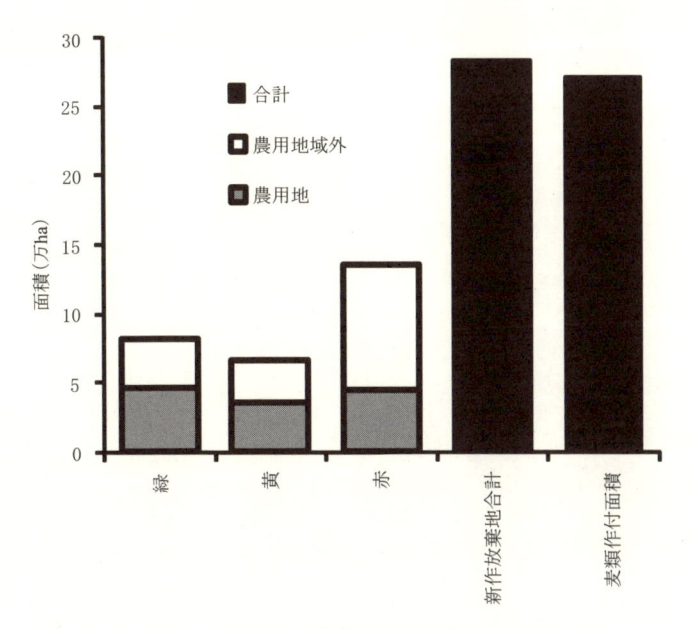

図8　耕作放棄地の面積
（農林水産省　平成20年度耕作放棄地全体調査より作図）
緑：人力・農業用機械で草刈り・耕起・抜根・整地を行うことにより耕作することが可能な土地
黄：草刈り・耕起・抜根・整地では耕作することはできないが，基盤整備を実施して農業利用すべき土地
赤：森林化・原野化している等，農地に復元して利用することが不可能な土地

としてカバークロップやリビングマルチの利用が始まっている．

　以上，現代における作付体系の意義を述べてきた．これらは作物生産における地域の環境と資源の有効活用をはかる方法であり，それぞれが生物多様性に及ぼすインパクトは必ずしも大きくない．しかし，人間の活動の一つである作物生産を，それぞれの地域に適した方法で持続することはUnder-useを避ける意味がある．同時に食料を中心に地域で特色のある作物生産を行い，一定量を自給することは，食料輸出国の耕地とその周辺地域のOver-useを緩和する方策でもある．

（3）わが国の輪作のコストと助成の概況

　以上で述べたように，輪作を中心とした地域の作付体系を維持しつつ，作物生産を持続していくことは，生物多様性の保全にもある程度役に立っていると考え

表2 北海道の畑輪作で使用される主な機械

	作業機	小麦	大豆	てん菜(移植)	ばれいしょ(澱粉用)	作業の内容
肥料等散布作業	マニュアスプレッダ	○	○	○	○	堆肥散布
	フロントローダ	○	○	○	○	堆肥散布
	ブロードキャスタ	○				追肥
	ライムソア			○		土壌改良材散布
	融雪剤散布機	○		○	○	融雪促進
耕起・整地心土破砕	リバーシブルプラウ	○	○	○	○	耕起
	ロータリーハロ	○	○	○	○	整地
	サブソイラ			○		心土破砕
播種植え付け	グレインドリル(条播)	○				播種
	施肥播種機(点播)		○			播種
	ビートプランタ			○		移植
	ポテトプランタ				○	ばれいしょ植え付け
	育苗用土ふるい機			○		てん菜育苗
	ポット用土詰め機			○		てん菜育苗
	ポテトカッタ				○	種芋調整
防除・管理	スプレイヤ	○	○	○	○	農薬散布
	カルチベータ		○	○		畦間除草
	カルチベータ(培土機付き)				○	中耕・培土
収穫関連	普通型コンバイン	○				収穫
	豆用コンバイン		○			収穫
	ビートハーベスタ			○		収穫
	ポテトハーベスタ				○	収穫
	ストローチョッパ	○				麦かん裁断
運搬	トラクタ	○	○	○	○	作業一般
	トラック	○	○	○	○	資材・収穫物運搬
	フォークリフト	○	○	○	○	資材・苗の運搬

北海道農政部編(2005)をもとに作成

られる．しかし，現代の作物生産を持続するために必要な第1の条件は，生産者が再生産可能な所得を得られることである．輪作を行う営農は単一作物の連作に比べてコストが高くなる構造にある．表2は輪作に必要な農業機械を示したものだが，播種および植え付け作業と収穫作業に用いる機械は，作物ごとに異なることがわかる．また，トラクタなどの共用機械も様々な作業に対応するため変速段数を多くする必要があり，日本で販売されているトラクタは諸外国に比べて高くなる状況にある．

このように高くつく生産費と農作物の販売額の格差を埋めるために，所得補償

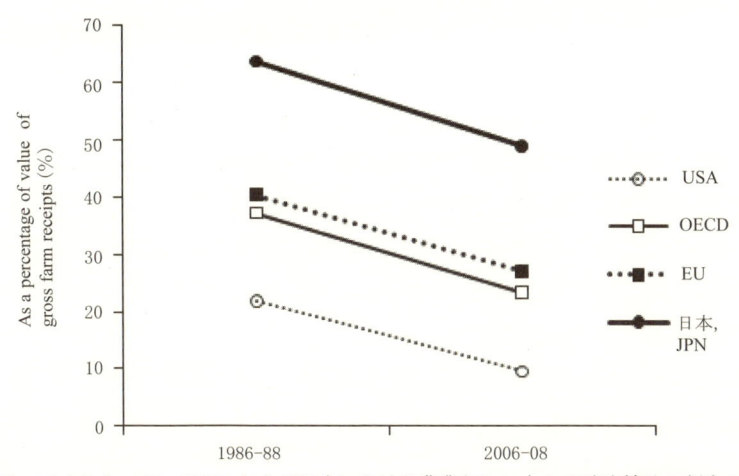

第3章　作物生産における生物多様性の利用　（57）

図9　アメリカ，EU，OECD および日本における農業収入に占める政府補助の割合の推移
（OECD，2010 より作図）

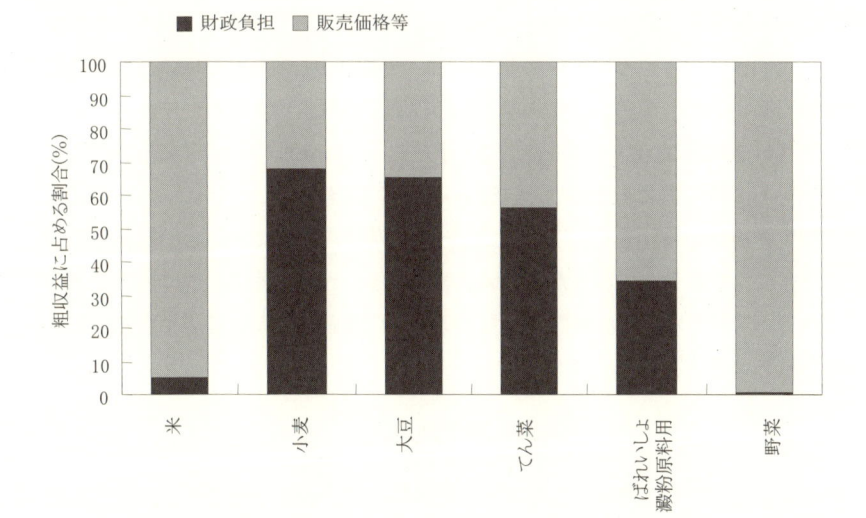

図10　粗収益に占める財政負担の等の割合(2002年度)
（食料・農業・農村基本計画検討主要データ集より作図.）
米については生産コスト差を補う国境措置が設定されている．
財政負担等とは，一般会計からの支出分の他，麦における売買差益相当
分，いも類におけるユーザー負担相当分，甘味資源作物における調整金相当分が含まれる．

等の助成が必要になっている．政府による農業に対する助成は日本だけのことではなく各国で行われているが，アメリカ，EU，OECD 平均に比べて日本の政府助成の割合は高く推移している（図 9）．国内において最も大規模な畑輪作を行っている北海道の輪作体系においても粗収益の半分前後は財政負担等による助成が占めているのが現状であり（図 10），見方を変えれば補助金によって各作目で得られる収益と生産効率が均衡し，現在の輪作は成立していると言えるだろう．この均衡状態が激変すると，収益性の低い作物の生産は生産者の負担を増大させ，減産に向かうことが予測される．

現在，農業収入に占める政府助成の割合は全体に低下してきており（図 9），この図には示さなかったアイスランド，韓国，ノルウェー等の日本と同様の助成を行っている国々でも同様の事情が見られる．

これらの国々の地域に適した生産体系が破壊され，現在以上に食糧自給率が低下すると，生産者と関連産業が打撃を受けるだけでなく，前述したように食料生産国と輸入国の双方の生物多様性に悪影響を及ぼす可能性が高い．地域の作物生産は，納税者や消費者の理解を前提として，一定の支援のもとで持続させる努力が必要である．その場合，作物生産活動の評価が納税者や消費者と生産者との間で一致すれば問題ないが，経済性だけで示される作物生産の価値と負担の間には開きがあるように思える．また，試験研究機関では消費者ニーズに対応した環境調和型生産技術の開発を行っているが，一般的な経営評価では厳しい結果となることが多く，生産者への普及が難しい状況にある．作物生産の価値は環境との関係に基づいて評価される必要があるが，その前に価値の共有化や評価手法の確立がなされる必要がある．

5．おわりに

近年，環境調和型生産技術の中で，価値の共有化や評価手法の確立がなされた例に，温室効果ガスを指標とした技術の評価があり，研究成果が多く出されている．その結果，農林水産業が温暖化対策に貢献できる役割が整理され，2010 年現在，国内クレジット制度における農林水産分野関連の排出削減事業が試行的に実施された．また，環境省は国内のプロジェクトにより実現された温室効果ガス排

出削減・吸収量をカーボン・オフセットに用いられるクレジットとして認証するオフセット・クレジット（J-VER）制度を創設し，森林による炭素蓄積プロジェクトなどの認証が行われている．作物生産分野では，土壌を炭素吸収源として認めるかどうかが注目されるところである．これらの動きは評価手法が整備されたことによるところが大きい．生物多様性についても，重要性についての認識が共有され，評価手法と指標を定めることができれば，作物生産とその技術を評価する新しい方法として確立するためのステップとなる．

　もちろん，物理的な厳密性が求められる温室効果ガスと，生物多様性を同様のプロセスで評価することは難しい．しかし，生物多様性が示す価値は多くの人が感覚的に理解でき，価値を共有できるという点で強みを持っている．さらに，今世紀に入って「地産地消」が活発化し，消費者が作物生産の現場を実感する機会が増えてきた．これらの活動の中で，消費者が伝統野菜や地方品種から遺伝資源の多様性を実感し，多様な輪作などからなる作物生産に付加価値を与えることで，新たなフードシステムが構築されつつある．作物生産のシステムも，これらのニーズに応えられるような持続的発展がもとめられている．

引用文献

Ae N. Arihara J., Okada K., Yoshihare T. and C.Johansen 1990. Phosphorus uptake by pigeon pea and its role in cropping systems of the Indian subcontinent. Science 248：477-480.

Ae N. and T. Otani 1997. The role of cell wall components from groundnut roots in solubilizing sparingly soluble phosphorus in low fertility soils. Plant and Soil 196：265-270.

Campbell C. A., McConkey B. G., Zentner R. P., Selles F. and F. B. Dyck 1992. Benefits of wheat stubble strips for conserving snow in southwestern Saskatchewan. J. Soil Water Conservation 47：112-115.

Hirota I., Sakuratani T., Sato T., Higuchi H. and E. Nawata 2003. A split-root apparatus for examining the effects of hydraulic lift by trees on the water status of neighbouring crops. Agroforestry Systems 60, 181-187.

北海道農政部　2005．畑作物．北海道農業生産技術体系第3版，北海道農政部編，（社）北海道農業改良普及協会，札幌．20-71.

黒田章夫・滝口昇・加藤純一・大竹久夫　2005．リン資源枯渇の危機予測とそれに対応したリン有効利用技術開発．環境バイオテクノロジー学会誌 4：87-94.

Miyazawa K., Tsuji H., Yamagata M., Nakano H. and T. Nakamoto 2002. The Effects of Cropping Systems and Fallow Managements on Microarthropod Populations.Plant Prod. Sci. 5：257-265.

農林水産省　2004. 国民負担の概況. 食料・農業・農村基本計画検討主要データ集　資料3, p22.(HTML) http：//www. maff. go. jp / j / council / seisaku / kikaku / bukai / 16 / pdf / h160730 16 03 siryo.pdf.

農林水産省消費・安全局 農産安全管理課　2010. 遺伝子組換え植物実態調査結果　対象植物：ナタネ類.(HTML) http：//www.maff.go.jp/j/press/syouan/nouan/pdf/100823-01.pdf .

農林水産省・安全局 農産安全管理課　2010. カルタヘナ法に基づく第一種使用規程が承認された遺伝子組換え農作物一覧.(HTML) http：// www. maff. go. jp / j / syouan / nouan / carta / c_list / pdf / 01p. pdf .

農林水産省・農村振興局農村政策部　2009. 平成20年度耕作放棄地全体調査（耕作放棄地に関する現地調査）の結果について．(HTML) http：//www. maff. go. jp / j / nousin / tikei / houkiti / pdf / kekka. pdf .

OECD, 2010. Government support for agriculture. OECD Factbook 2010：Economic, Environmental and Social Statistics. ISBN：9789264084056 (HTML).
　http：//www. oecd-ilibrary. Org / economics / oecd-factbook_18147364.

Phillips E. R. and S. H. Phillips 1984. No-tillage Agriculture, Principles and Practices, Van Nostrand Reinhold Co. New York.

澤田均　2007. 遺伝子組み換え作物と生物多様性．種生物学会編，農業と雑草の生態学. 侵入植物から遺伝子組み換え作物まで．総合出版，東京. 247-272.

関谷信人・矢野勝也　2002. 水素の安定同位体自然存在比から評価した植物が利用する水資源の由来. 根の研究 11：35-42.

辻博之　2004. 根が土壌中の生物に及ぼす影響（長期圃場試験による異分野交流).農業及び園芸　79：1215-1221.

作物研所　イネ品種データベース検索システム（HTML)
　http：//ineweb. narcc. affrc. go. jp / search / hinsyu_top. html

矢野勝也　2010. 緑肥作物の導入と農耕地におけるリン酸の再利用. 農業及び園芸 85：198-204

吉田智彦・Anas・稲葉輝　2009. 家系分析Webの作成と利用. 日作紀. 78：92-94

第4章
森林の遺伝的多様性保全と森林管理

津村義彦
(独)森林総合研究所

1. はじめに

　生物の多様性は3つの要素から成り立っていると言われている．それは生態系の多様性，種の多様性および遺伝的多様性である（図1）．遺伝的多様性は多様性の根幹をなす重要な要素で，個体の形態や形質の違いの多くを決めているだけでなく，種の違いを決めているのも遺伝子である．また多様性の3つの要素の内，遺伝子の多様性だけは人の目に見えないため，どの程度の遺伝的多様性を持って

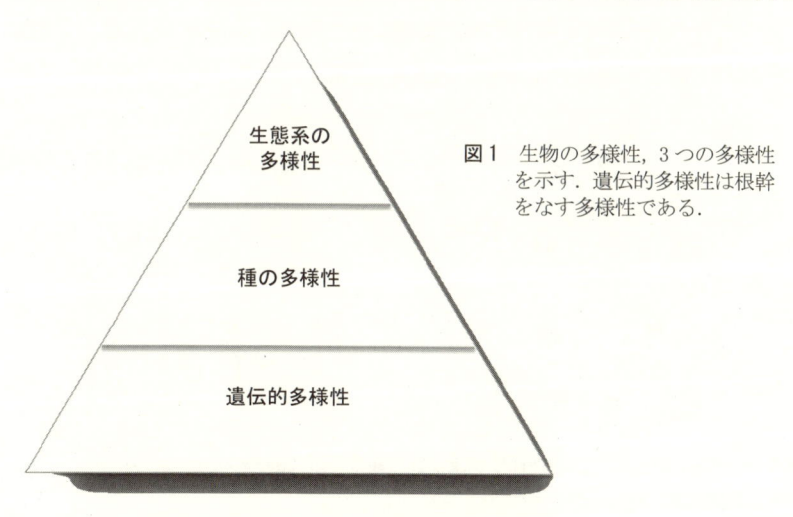

図1　生物の多様性，3つの多様性を示す．遺伝的多様性は根幹をなす多様性である．

いるかは個体や集団の DNA を解析する必要がある．種の有効な集団サイズが縮小し絶滅に至るプロセスの中で遺伝的多様性が重要であることが認識されたのは最近のことである．遺伝的多様性は生物の根幹をなす重要な多様性であるため，今後はますます重要な要因として扱われるようになるであろう．

2. 遺伝的多様性の重要性

　遺伝的変異の創出は突然変異が原因で生じる．ほとんどの突然変異は中立的な変異であり，生存に有利でも不利でもない．しかし，ごく稀に生存に有利なまたは不利な変異が生まれる．これに遺伝的浮動や淘汰が働き，集団間の遺伝的分化が促進されたり，有利な遺伝子型が集団中に広まったりする．不利な突然変異が生じても二倍体の生物であれば，対立遺伝子の片方が正常であれば，ほとんどの場合は不利な対立遺伝子はマスクされ発現しない．しかし，たまたま不利な対立遺伝子同士が交配によってホモ接合型になると，生育不良や死に至ることもある．

　遺伝的多様性が低くなると，様々な問題が生じる．特に他殖性の植物では，自分以外の個体から花粉をもらって受精をして種子を作る．集団内の個体数が少なくなると，近縁個体との交雑の可能性が高くなる．他殖性の植物は，近縁個体と交雑すると，近交弱勢という現象が起こり，種子が発芽しなかったり，実生の生育が極端に悪くなったりして，生存に不利なことが起こる（図2）．これは他殖性の植物が生存に不利な遺伝子をヘテロ接合型で保持しているのが原因で，これ

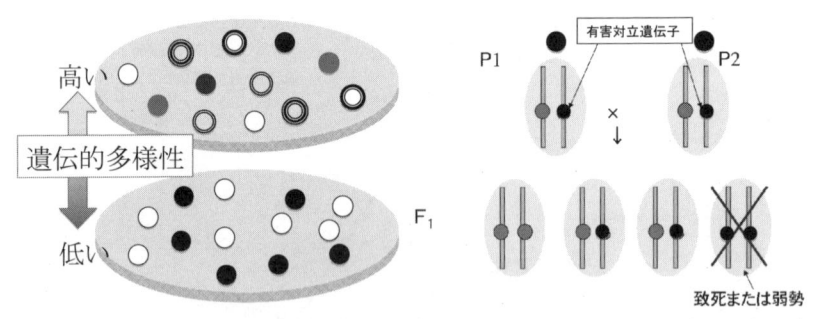

図2　他殖性の植物で遺伝的多様性が低下した場合の近交弱勢のイメージ図．黒色が有害遺伝子をヘテロで持つ個体を示す．

らは他殖のシステムを維持している限りなくならない．そのため有効な集団サイズが小さくなるとこのように近親交配が増えて近交弱勢が起こり，遺伝的多様性が徐々に減少していき集団の衰退や絶滅につながる．

　このように遺伝的多様性はある程度維持しておかないと集団や種の衰退につながるため重要な多様性の要素である．

3. 森林の遺伝的多様性と遺伝構造

　現在の森林はこれまでの気候変動や地形の変化の結果として形成されている．過去 30 万年の間にも 3 度の氷期を経験し，約 2 万年前の最終氷期は現在よりも 7 度ほど平均気温が低い状態であったと言われている．そのため最終氷期の東京には亜高山帯に生育しているトウヒ属やカンバ属の種が分布していた（Tsukada 1983）．このように植物は気候に応じて分布変遷を繰り返して，現在の分布を形成している．この分布変遷の過程で集団の保有する遺伝的組成も変化し，分布域全体を見ると遺伝的に少しずつ異なった集団が形成される．距離が近い集団はお互いに遺伝的に類似しているが，距離が離れるほど遺伝的にも遠くなる．このようにして形成されたものを遺伝構造と呼ぶ．そのため同種でも比較的乾燥している地域や湿潤な地域などの異なる環境に生育していると，淘汰の方向が違っているために，遺伝的にもそれぞれの地域に適した個体が生育していくことになる．

　日本列島は南北に長く北海道から石垣島までで約 3,000km にわたっており，亜熱帯から亜寒帯までの気候帯が存在する．これらの地域に様々な森林が成立し多様な生態系を形作っている．日本で広域に分布するスギやブナなどは地域によって，持っている遺伝子の組成が異なっており地域による遺伝的な違いが存在している．特にブナ林は遺伝的に明瞭な分化をしている樹種で，日本海側と太平洋側のブナ林では保有している葉緑体 DNA およびミトコンドリア DNA のタイプが異なる（Fujii *et al.* 2002, Tomaru *et al.* 1998, 図 3）．また核 DNA でも日本海側と太平洋側では明瞭な遺伝的な分化が見られる．また遺伝的多様性は西日本集団で高く，東日本集団や孤立した森林で低くなっている．このように地域によって持っている遺伝的多様性の程度が異なっている．一方，スギはブナほど遺伝的な分化は明瞭ではないが，約 2 万年前の最終氷期の頃にはスギは温暖な地域に避

表 1 わが国の樹種で明らかになった遺伝的多様性と遺伝的分化

分析サンプル	マーカー*	学 名	和 名	集団数	遺伝子座数または遺伝子座数	遺伝子多様度(h)または塩基多様度(π)	遺伝子分化係数**	文 献
葉緑体DNA	RFLP	Abies mariesii	オオシラビソ	7	1	0.443	0.102	Tsumura et al., 1994.
	RFLP	Picea jezoensis	トウヒ	33	3	0.552	0.233	Aizawa et al. 2007
	塩基多型	Daphne kiusiana	ニシノヤツシロ	個体数=21	14	π=0.00027	-	Aoki et al. 2004
	塩基多型	Elaeocarpus sylvestris var. ellipticus	ホルトノキ	個体数=59	14	π=0.00031	-	Aoki et al. 2004
	塩基多型	Fagus crenata	ブナ	21	3	-	-	Okaura and Harada, 2002
	塩基多型	Fagus crenata	ブナ	45	2	-	-	Fujii et al. 2002
	塩基多型	Prunus zippeliana	バクチノキ	個体数=73	14	π=0.00084	-	Aoki et al. 2004
	塩基多型	Quercus spp.	コナラ属	127	5	-	-	Kanno et al. 2004
	塩基多型	Quercus mongolica var. crispula	ミズナラ	44	6	π=0.00055	G_{ST}=0.853	Okaura et al. 2008
	塩基多型	Stachyurus praecox	キブシ	個体数=105	2	-	-	Ohi et al. 2003
	塩基多型	Magnolia stellata	シデコブシ	11	3	0.790	ϕ_{ST}=0.620	Ueno et al. 2005
	塩基多型	Photinia glabra	カナメモチ	42	5	π=0.00046	ϕ_{CT}=0.510	Aoki et al. 2006
	塩基多型	Aesculus turbinata	トチノキ	55	2	-	0.968	Sugahara et al. 2010
ミトコンドリアDNA	RFLP	Abies firma	モミ	7	2	0.741	0.859	Tsumura and Suyama, 1998
	RFLP	Abies homolepis	ウラジロモミ	8	2	0.604	0.479	〃
	RFLP	Abies mariesii	オオシラビソ	7	2	0.000	0.000	〃
	RFLP	Abies sachalinensis	トドマツ	5	2	0.292	0.198	〃
	RFLP	Abies veitchii	シラビソ	12	2	0.039	0.260	〃
	RFLP	Pinus parviflora	ヒメコマツ	15	2	0.717	0.863	Tani et al.2003
	RFLP	Picea jezoensis	トウヒ	33	3	0.073	0.901	Aizawa et al. 2007
	RFLP	Fagus crenata	ブナ	17	3	0.031	G_{ST}=0.963	Tomaru et al., 1998
	RFLP	Fagus crenata	ブナ	16	4	-	-	Koike et al. 1998
核DNA	アロザイム	Abies mariesii	オオシラビソ	11	22	0.054	0.144	Suyama et al., 1997.
	アロザイム	Abies sachalinensis	トドマツ	18	4	0.157	0.015	Nagasaka et al., 1997.
	アロザイム	Chamaecyparis obtusa	ヒノキ	6	2	0.305	0.003	Shiraishi et al. 1987
	アロザイム	Chamaecyparis obtusa	ヒノキ	11	12	0.202	0.045	Uchida et al., 1997
	アロザイム	Cryptomeria japonica	スギ	5	9	0.178	0.015	Tsumura and Ohba, 1992
	アロザイム	Cryptomeria japonica	スギ	17	12	0.196	0.040	Tomaru et al., 1994
	アロザイム	Larix kaempferi	カラマツ	8	7	0.169	0.042	Uchida et al. unpublished data
	アロザイム	Picea glehnii	エゾマツ	10	12	0.088	0.022	Wang and Nagasaka, 1997
	アロザイム	Pinus parviflora	ゴヨウマツ	16	11	0.272	0.044	Tani et al. 2003a
	アロザイム	Pinus pumila	ハイマツ	18	19	0.271	0.170	Tani et al.,1996
	アロザイム	Pinus thunbergii	クロマツ	22	14	0.259	0.073	宮田, 生方 1994
	アロザイム	Fagus crenata	ブナ	14	14	0.202	G_{ST}=0.014	Takahashi et al., 1994
	アロザイム	Fagus crenata	ブナ	23	11	0.187	G_{ST}=0.038	Tomaru et al., 1996

表1 続き

	種名	和名	***	**		文献
アロザイム	*Alnus trabeculosa*	サクラバハンノキ	7	12	$G_{ST}=0.146$	Miyamoto et al. 2001
アロザイム	*Camellia japonica*	ヤブツバキ	60	20	$F_{ST}=0.144$	Wendel and Parks 1985
CAPS	*Cryptomeria japonica*	スギ	11	14	0.047	Tsumura and Tomaru, 1999
CAPS	*Cryptomeria japonica*	スギ	25	148	0.050	Tsumura et al., 2007a
CAPS	*Chamaecyparis obtusa*	ヒノキ	25	51	0.039	Tsumura et al., 2007b
マイクロサテライト	*Cryptomeria japonica*	スギ	29	11	0.028	Takahashi et al. 2005
マイクロサテライト	*Chamaecyparis obtusa*	ヒノキ	25	13	0.040	Matsumoto et al. 2010
マイクロサテライト	*Picea jezoensis*	トウヒ	33	4	0.101	Aizawa et al. 2009
核 マイクロサテライト	*Castanopsis* spp.	シイ属	25	6	$R_{ST}=0.257$	Yamada et al. 2006
DNA マイクロサテライト	*Betula maximowicziana*	ウダイカンバ	23	11	$F_{ST}=0.062$	Tsuda and Ide 2006
マイクロサテライト	*Magnolia stellata*	シデコブシ	11	4	$\phi_{ST}=0.290$	Ueno et al. 2005
マイクロサテライト	*Cerasus jamasakura*	ヤマザクラ	12	10	$F_{ST}=0.043$	Tsuda et al. 2009
マイクロサテライト	*Fagus crenata*	ブナ	23	14	$F_{ST}=0.027$	Hiraoka and Tomaru 2009a
マイクロサテライト	*Fagus japonica*	イヌブナ	16	13	$F_{ST}=0.023$	Hiraoka and Tomaru 2009b
EST-SSR	*Camellia japonica*	ヤブツバキ	35	47	$G_{ST}=0.120$	Ueno et al.未発表
EST-SRR	*Cerasus jamasakura*	ヤマザクラ	38	15	$F_{ST}=0.053$	Tsuda et al. 未発表
EST-SRR	*Betula maximowicziana*	ウダイカンバ	48	14	$F_{ST}=0.044$	Tsuda et al. 未発表
EST-SRR	*Castanopsis* spp.	シイ属	63	32	$G_{ST}=0.122$	Aoki et al.未発表
EST-SRR	*Quercus mongolica* var. *crispula*	ミズナラ	36	38	$G'_{ST}=0.073$	Matsumoto et al. 未発表
S-locus	*Prunus lannesiana* var. *speciosa*	オオシマザクラ	7	1	$F_{ST}=0.014$	Kato et al. 2007

*RFLP: restriction fragment length polymorphism, EST-SSR; expressed sequence tag-simple sequence repeat,
**nucleotide diversity
***number of analyzed individulals

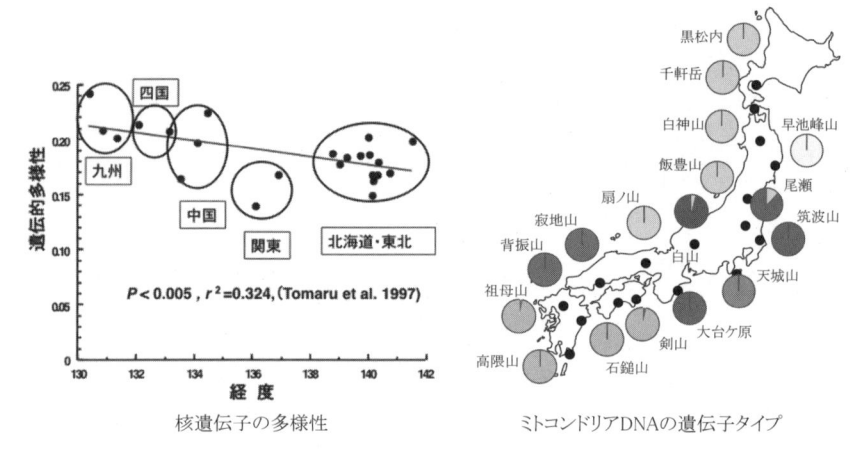

図3 全国のブナ天然林の遺伝的多様性の違い．遺伝的多様性は西日本集団が東日本に比べ高い（Tomaru *et al.* 1998）．

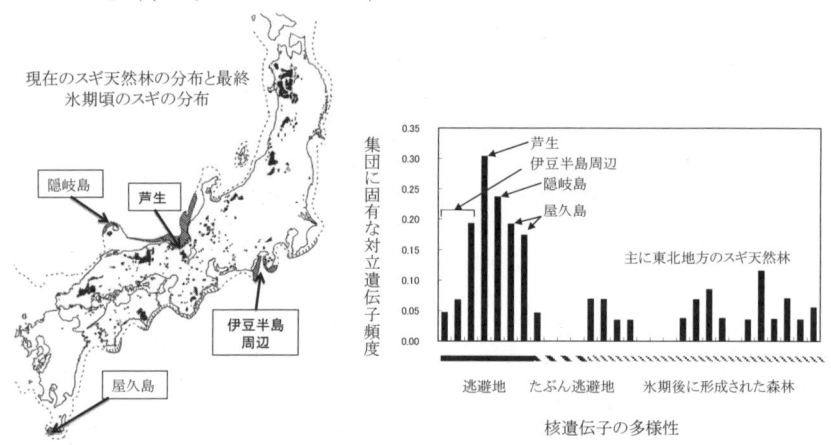

図4 スギの天然林の分布（林 1960）と最終氷期頃の分布（Tsukada, 1986）および現在のスギ天然林の遺伝的多様性（Takahashi *et al.* 2005）．

難しており，その後の間氷期に分布拡大をして現在のスギ天然林が形成されたと考えられている．またスギには太平洋側に分布するオモテスギと日本海側に分布するウラスギがあると言われているが，これは DNA の分析でも証明されている（Takahashi *et al.* 2005, Tsumura *et al.* 2007，図4）．

このように地域環境に適応した遺伝子型が分化している可能性をも示唆している．

これまでにわが国の樹木で遺伝構造が研究されたものは表1の樹種である．当初は有用針葉樹の研究が主であったが，最近は保全目的や地史的な研究のために様々な広葉樹の遺伝構造が明らかにされている．

4. 遺伝的撹乱

遺伝的に異なる集団を植栽した場合，遠縁の個体同士の交配で雑種強勢（hetrosis）を示すことがある．これは遺伝的に異なる個体同士の交配でよいものが現れる現象のことを言う．野菜やトウモロコシなどの育種にはこの原理が使われ，実際に F_1 種子が販売されている．遠縁の個体同士の交配で問題となるのは，局所環境に適応した遺伝子型をもった集団に適応していない遺伝子型を植栽した場合である．この環境に適応していない遺伝子型の個体が偶然に生育した場合に，周辺の個体と交配し次世代（雑種第一世代）を残すことになる．これらの雑種第一世代は適応的な遺伝子（対立遺伝子）をヘテロ型で保有しているため，この局所環境でも適応できる．しかし雑種第二世代になると，この適応的遺伝子座が遺伝分離し適応的でない遺伝子型が出てくる．この場合にこれらの個体群はこの局所環境では生育できずに死滅する．これがメンデルの分離の法則に従っていれば，組換えが起らなければ交配集団の 1/4 が生育できないことになる（図5）．世代を重ねるごとに適応的でない個体群が死滅していき，もともと存在していた適応的な個体群の遺伝的多様性も減少していく．そのためこの局所個体群が長い年月をかけて形成してきた適応的な遺伝子型が崩壊していく．この現象は雑種崩壊（hybrid breakdown）や希釈（dilution）と言われ，遠交弱勢（outbreeding depression）（Price and Waser 1979, Templeton 1986, Lynch 1991）の結果で生じることが多い．遠交弱勢は適応的な遺伝子がホモ接合型で有利な場合は雑種第一世代でも起る現象である．雑種第一代目でヘテロ接合型になり弱勢が生じることになる．この現象はいくつかの種で既に報告されている．Stacy（2001）の研究によるとスリランカの *Syzgium rubicundum* と *Shorea cordifolia* の2樹種で異なる集団間の交配が近隣個体や同集団内個体との交配に比べ有意に適応度が低下することを報告している．雑種第一世代で遠交弱勢の結果，適応度が減少すると，それに伴って在来集団の遺伝的多様性も減少していく．実際の遠交弱勢の

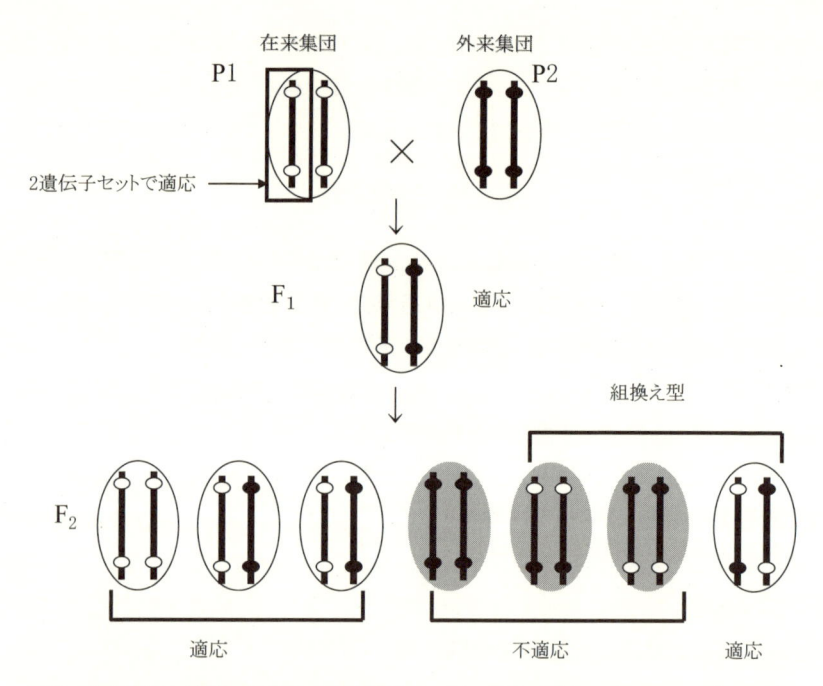

図5 外来集団を植林した場合の遠交弱勢の一例．異なる遺伝子座の2つの赤い対立遺伝子がある場合のみ適応的である例．集団レベルでは次世代でも適応する個体は存在するが，遺伝的多様性が徐々に減少していく．

メカニズムは，遺伝子間の相互作用や複数の遺伝子のブロックが保たれている場合に適応的だったりすることが多く，もっと複雑な場合がある．

このように異なる集団を同所に植栽すると，雑種第一世代の雑種強勢で生育がよいものでも世代を重ねると遠交弱勢が現れ衰退していくものがある（Fenster and Galloway 2000）．そのため自然が長い時間をかけて築き上げた遺伝構造を人為的に攪乱すると集団や種の衰退につながることがある．これが遺伝的攪乱である．

5. 三宅島での遺伝的攪乱を考慮した緑化の試み

三宅島は2000年7月の噴火後後，大量に噴出した火山灰ならびに火山ガスにより，島の多くの地域の植生が被害を受けた（図6）．被害地域の緑化のために

火山被害に比較的強いハチジョウイタドリ，ハチジョウススキ，オオバヤシャブシの3種について伊豆諸島および伊豆半島の各集団内の遺伝的多様性ならびに集団間の遺伝的分化を調査した．この調査結果から三宅島の植物集団に遺伝的に最も近縁で同じ程度の多様性をもった集団を，三宅島の被災地緑化の種子採取の採取候補地として選び出すことを目的とした．

　植物には一般的に母性遺伝するオルガネラ DNA と両性遺伝する核 DNA が存在する（表2）．これら両方のゲノムの変異を調べることにより，より正確に集団間の遺伝的分化を把握することができる．なぜなら両性遺伝する核 DNA では花粉および種子の両方を通して次世代に伝わるが，母性遺伝するオルガネラ DNA では一般に花粉に比較すると拡散範囲の限られる種子を通してしか伝わらないため，遺伝的分化をより明瞭に示す可能性が高いためである．そこで，両性遺伝す

図6　三宅島の噴火と火山ガスによる被害（2001年6月）．遺伝調査のための材料採取．

表2　植物ゲノムの特徴と情報

ゲノム	ゲノムサイズ[1]	遺伝子の突然変異率[2]	遺伝様式[3]	ゲノムの特徴
葉緑体ゲノム	$1.2\text{-}1.7\times10^5$	$1.0\text{-}3.0\times10^{-9}$	母性遺伝（被子植物）	ゲノム構造の保存性が高い
			父性遺伝（裸子植物）	
ミトコンドリアゲノム	$2.0\text{-}20\times10^5$	$0.2\text{-}1.0\times10^{-9}$	母性遺伝	構造変異を起こしやすい
			父性遺伝（マツ科以外の針葉樹）	
核ゲノム	$10^7\text{-}10^{10}$	$5.0\text{-}30.0\times10^{-9}$	両性遺伝	ゲノムサイズが大きく，組み換えが多い

1) 高等植物, 2) 平均同義置換 (Wolfe *et al*. 1987), 3) Mogensen 1996

る核ゲノムについては AFLP 分析で，母性遺伝する葉緑体 DNA については遺伝子間領域の塩基配列多型を調査した．その結果，ハチジョウイタドリは核ゲノムレベルで集団間の遺伝的分化の程度が比較的大きく，また三宅島集団は葉緑体 DNA 変異も他の島にはない独自の変異を保有していた（Iwata *et al.* 2006）．ハチジョウススキは核ゲノムレベルの遺伝的分化は低く，三宅島集団は御蔵島集団と最も近縁で，葉緑体 DNA 変異も他の諸島と共有していた．オオバヤシャブシは AFLP 法を採用した結果，集団間変異は全体の 4％で，三宅島集団は神津島集団と最も近縁であり，葉緑体 DNA 多型も伊豆半島を除いた集団と共有していた．

この結果から緑化対象 3 種とも種子源とすべき集団が異なった．ハチジョウイタドリでは，核ゲノムレベルでも遺伝的分化が大きく，三宅島集団が独自の葉緑体 DNA 変異を保有していたことから，他地域からの導入は極力避けるべきである．またハチジョウススキでは，御蔵島から，オオバヤシャブシでは，神津島から導入するのが最も適切である．これのように種により候補集団が異なったのは遺伝的分化が単に地理的な距離との関係だけではなく，その種のもつ分布変遷の歴史および生態学的な特徴に大きく影響されていることを示している．すなわち栄養繁殖やアポミクシスなどの繁殖形態，花粉および種子の散布形態などの違いである．このように，遺伝的に近い集団を選定するためには，単に地理的な近さだけではなく，集団遺伝学的な実データに基づく判断が重要であると考えられる．

6. 有用針葉樹での種苗の移動規制

わが国には林業上重要なスギ，ヒノキ，クロマツ，アカマツなどの樹種については，林業種苗法で種苗の移動が制限さている（図 7）．これは昭和 45 年に制定され，気候帯の違いや種の分布に沿って制定されたものである．実際の遺伝的な構造のデータとは合致している点も多いが，一部，一致しない点もあるため将来的には改訂が必要であろう（Takahashi *et al.* 2005, Tsumura *et al.* 2007a, 2007b, Matsumoto *et al.* 2010）．一方，広葉樹には種苗法などの規制はなく，現状ではどの地域の種苗も自由に植栽が可能である．由来の異なる苗木を植栽すると，前述の種の持っている遺伝構造を攪乱することになり，これはひいては在来集団の遺伝的多様性までも減少させる．

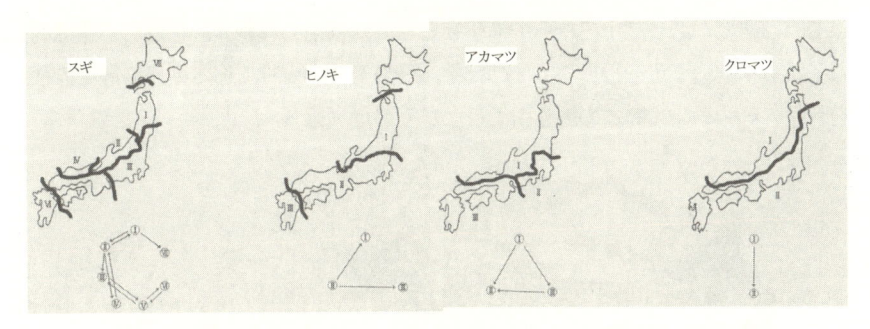

図7　林業種苗法による針葉樹の種苗配布の規制.

7. 遺伝的多様性保全のための遺伝的ガイドライン

　植林に用いる苗や種子は遺伝的な組成が植栽地域の同種の集団と遺伝的に近縁なものを用いればよい．主要針葉樹種では種苗の配布区域が決められており，また天然分布範囲での遺伝構造が明らかになっている種が多いため，これらの報告をもとに種苗の移動可能範囲を把握することができる．しかし広葉樹では林業種苗法の適応も受けないので早急に主要な樹種での遺伝構造を明らかにする必要がある．現在までにわが国の広葉樹で遺伝構造が調べられている樹種は 10 数種である．そのうち最もよく調査が行われているのがブナである．ブナについてはすでに十分なデータがあるため現時点である程度の種苗配布範囲の設定が可能である．その他の樹種ではまだ十分なデータが出ていないため，これらの調査結果をまって種苗の配布範囲の決定を行うことになる．しかし遺伝構造の調査で得られる遺伝子分化係数は相対的な値であるため，母性遺伝する葉緑体 DNA と両性遺伝する核 DNA の両方のデータをもとに種苗配布のガイドラインを構築する必要がある．このためにわが国の主要広葉樹の遺伝構造および遺伝子攪乱の実態を調査した．対象とした樹種はミズナラ，ブナ，ケヤキ，ヤマザクラ，スダジイ，ヤブツバキ，クヌギ，ウダイカンバ，オオモミジ，イロハモミジの 10 種である．これらの種の分布域全体から集団サンプルを収集し，開発した DNA マーカーで遺伝構造を調査した．どの種も葉緑体 DNA では明瞭に遺伝的分化している地域が存在した．核 DNA での遺伝的分化の程度は低かったが，有意に遺伝的に分化

している地域があった．これらの情報をもとに，種苗の移動範囲を決める遺伝的ガイドラインの策定を行った．その結果，それぞれの樹種で日本列島に種苗の移動制限のためのいくつかの線を引くことができた（図8）．

ウダイカンバ　　　　　　ミズナラ　　　　　　イタヤカエデ

図8　広葉樹の遺伝的ガイドラインの例．類似した色は似た遺伝的組成を持つ，実線は種苗の移動のガイドラインを示す．

（1）ガイドラインの基本的な概念

　近年，広葉樹の植林が日本各所で行われている．この行為は緑化，山地防災，温暖化防止，レクレーションなどに非常に有効である．しかしながら，由来の全く異なる苗木を大量に植栽すると，自生している同種の植物が本来持っている遺伝的多様性や適応的な遺伝子を攪乱してしまう可能性がある．そのため，このような危険性を避けるために，植林用の種苗の移動のためのガイドラインを策定した．これはそれぞれの種の保有する遺伝的多様性および遺伝的分化のデータをもとに策定を行う．

　本来，ガイドラインを作成するには中立な遺伝的変異のデータだけでなく，適応的な量的形質のデータがあることが望ましいが，ほとんどの樹種において後者のデータはない（そのようなデータを取ることは短期的には不可能である）．しかし，誤った植栽をすることによって将来，不可逆的な影響を及ぼす恐れがあるので，「予防原則」に則り，これまでに得られた中立な遺伝的変異のデータに基

づきガイドラインを早急に作成する必要がある．また，今後，得られるデータをもとに随時，ガイドラインを見直して修正する，いわゆる「順応的管理」を行う．
 （2） 種苗流通のゾーニングの基準
  1) 分布域広範な多くの集団を解析した種について，核DNAおよび葉緑体DNAの調査結果で，共通に有意な遺伝的分化が見られるところは，種苗の移動を制限する実線を引く．
  2) 分布域広範な多くの集団を解析した種について，核DNAおよび葉緑体DNAの調査結果で，片方に有意な遺伝的分化が見られる場合は，種苗の移動をなるべく行わない破線を引く（条件付きで移動可能な場合あり）．
 （3） 広葉樹の植栽地について
  1) 国立公園，国定公園の特別保護地域，各種保護林などの地域にあっては災害復旧などの特別な事情のない限り，自然の森林の推移にゆだね，植栽は行わない．特別な事情で植栽する際には，遺伝的分化程度の状況も踏まえ，なるべく近隣の林分から採種した種子から育苗したものを用いる．
  2) 保全目的等の事業にあっては，種苗流通のゾーニングの基準をより厳格に遵守すること（実線，破線ともに遵守）が望ましい．
  3) 木材生産等の産業目的での植栽にあたっては，種苗流通のゾーニングの基準（実線）を遵守することが望ましい．
 （4） 苗木生産のための種子の採取方法
1) 植栽個体に由来する遺伝子の混入を防ぐために
   自生の個体から採種すること（公園，庭園，並木など，植栽個体からの採種は避けること）．自生個体であっても，植栽個体が近くにある場合の採種は避けること（植栽個体からの花粉による遺伝子混入を防ぐため）．
2) 自家受粉による種子を避けるために
   孤立木からの採種は避けること．樹種により花粉の飛散距離は異なり，一概には言えないが，ある程度の個体数がまとまった集団からの採種が望ましい．
3) 遺伝的多様性の高い種子を得るために
   地域集団では近縁関係にない多くの個体から採種すること．
   1つの場所（林分）で採種する場合には，個体間の距離を約30m以上離して（近

縁個体を避けるため), 30個体以上から採種することが望ましい. 採取面積としては, 3ha以上の範囲で行う. 同じ地域集団の中ならば, 複数の場所(林分)から採種したものを混合することも可能.

(5) 遺伝的ガイドラインへの付帯事項

広葉樹の種苗生産は現状では流通に制約がないため, 各生産者が全国に種苗を出荷できる. 今後, 予防原則のもとに遺伝子攪乱のリスクを回避し, 遺伝的系統に配慮した種苗の流通体制をめざすと, 個々のゾーニングの規模(面積)の大小に応じて, 種苗の出荷可能範囲が縮小することにつながる可能性がある. 広葉樹種苗の生産者数は現在でも減少傾向にあるため, 遺伝的系統に配慮した種苗生産を指向しつつ, 広葉樹種苗の生産者の経営を悪化させないためには, 以下のような方策があるとよいかもしれない.

1) インセンティブ

現在, ほとんどの広葉樹種苗は流通段階において採種地が明らかではない. 遺伝的系統に配慮した種苗の流通体制を確立していくためには, 各種苗の採種地を明確化することが必須である. 流通段階での採種地情報の付帯化を短期間で促進するためには, (公共事業等における)採種地が明確な種苗の優先的な使用, 採種地情報の明確な種苗の価格の差別化といったインセンティブ(動機付け)が有効であろう.

2) 委託生産

従来の主要造林樹種(針葉樹)の種苗生産と異なり, これまで広葉樹種苗の生産には地域的に大きな偏りがみられる. このため, 採種地が明らかな種子を用いた委託生産も取り入れることが, 現在の生産水準を維持しつつ適切な種苗の配布を進める上で有効であろう.

3) 緑化事業の工期の弾力化

広葉樹では, 多くの樹種で種子生産量に豊凶がみられ, また人為的な着花促進技術も知られていないため, 毎年各地域で安定的に種苗が流通しているわけではない. このような生物学的な制約要因を踏まえつつ, なおかつ遺伝的系統に配慮した種苗の流通を目指すためには, 植栽に用いる樹種特性(開花・結実特性)を勘案した弾力的な工期の設定が望まれる.

4）種子バンクの設立

先に記したように，多くの広葉樹では種子生産に豊凶がみられ，なおかつ人為的な着花促進技術が知られていない．このような現状にあっては，豊作年の採種種子を適切な方法で長期貯蔵することが望ましい．このため，種子貯蔵のための技術開発，あるいは種子貯蔵事業（種子バンク）を推進することが，遺伝的系統に配慮した種苗の配布体制を促進する上で有効であろう．

8. 遺伝的多様性や遺伝構造の評価

本来は中立的な DNA マーカーだけではなく，適応的な遺伝情報も加えて遺伝的ガイドラインを作成する必要がある．適応的な遺伝情報を取得するためには，いくつかの方法がある．一つは産地試験林を設置して長期間にわたって形質を調査する方法で様々な産地から種子を収集して，同じ環境条件の一カ所に植栽し成長や形質を調査する．産地試験には発芽や初期成長だけをみる短期調査と，材形質などまでも調査する長期調査がある．成長だけでなく材質までも調査する長期試験となると20年以上の年月が必要となるため，かなりの時間と経費がかかる．

また地域環境適応的な遺伝子を短期間で実験的に検出する方法がいくつか開発されている（表3）．その一つが量的形質遺伝子座（Quantitative Trait Loci：QTL）解析である．この QTL 解析は交配家系を用いて，連鎖地図を構築し，それぞれの個体の形質を調査して，各遺伝子座の遺伝子型と形質との関係を調査して量的形質に関する遺伝子座が連鎖地図上のどこに位置して，その効果の程度は

表3　適応的遺伝子の検出方法

方法	データ	材料	ゲノム被覆度	直接性	費用
遺伝子塩基配列による中立性の検定	塩基配列	集団	小	小	小
多遺伝子座マーカー解析による中立性の検定	遺伝子型	集団	大	中	中
QTL解析	遺伝子型，形質	家系	大	小	中
eQTL解析，マイクロアレイ解析	遺伝子型，遺伝子発現量	家系	大	中－大	大
アソシエーション解析（環境，形質）	塩基配列，環境データ，形質データ	集団	小－大	中－大	小－大
混合マッピング	遺伝子型，形質データ	家系	大	中	中

どれほどかを解析する方法である（鵜飼 2000）．QTL 解析は遺伝率の低い形質も解析が可能であり，複数の遺伝子座が関与する形質でも解析が可能であるため，作物の育種では盛んに用いられている方法である．しかし，ここで検出されて QTL は家系内でしか使用できない．すなわち QTL 解析で用いた家系内であれば，近傍のマーカー（遺伝子座）を用いて特定の QTL を持った個体の選抜が可能であるが，遺伝的な背景が異なる家系では同じ近傍のマーカーを用いても選抜はできないことがある．そのため作物の育種のように限られた材料での調査に向いている．

　この他に実験的な手法として，最近，開発された複数の方法がある．遺伝子座ごとの塩基配列を用いた中立性の検定は，遺伝子の塩基配列を複数個体で解析し，この遺伝子が中立かどうかをモデルに基づいて統計検定する方法である．検定方法には Tajima' D（Tajima 1989），Fu&Li（Fu and Li 1993），Fay&Wu（Fay and Wu 2000），HKA（Hudson-Kreitman-Aguadé）テスト（Hudson *et al.* 1987），MK（McDonald-Kreitman）テスト（McDonald and Kreitman 1991）などの方法がある．Tajima' D は調べた遺伝子の多型サイト数と塩基多様度からそれぞれ θ を求めて比較して，淘汰の有無を調べる方法である．Fu&Li の方法は外群を用いて系統樹を構築し，内部枝と外部枝で生じた突然変異を比較することによって淘汰の有無を検出する方法を考案したが，Tajima' D の方が検出力は高いようである．Fay&Wu の方法は θ の推定量から中程度と高程度の頻度の突然変異を比較して淘汰を検出する方法を考案している．HKA テストは，中立説では進化速度の速い遺伝子は高い多型性を示すことが期待されることに着目して，種内と種間の遺伝子の配列の分化の程度と多型の程度が一致しているかどうかで中立性の検定を行う方法である．MK テストは集団内（種内）と集団間（種間）の同義塩基置換差異と，非同義塩基置換差異との関係を用いて検定を行う方法を考案している．

　アソシエーション（関連）解析は，遺伝子の塩基配列と形質との関連を調べる方法で遺伝的に関連のない個体間で解析を行い，塩基配列と形質との間に有意な関係がみられたら，他の個体への応用が可能となる．遺伝子の解析も次世代シークエンサーを用いると膨大な量のデータが比較的安価で早く取得できるため，有

用な適応遺伝子を網羅的に検出できる可能性がある．
　将来的には，前述のガイドラインを作成した淘汰に対して中立的な遺伝子だけでなく，産地試験林や実験的な手法を用いて局所環境に適応的な遺伝子を検出し，遺伝的ガイドラインを作成していく必要がある．

9. まとめ －遺伝的多様性と林業－

　森林には天然林と人工林がある．人工林は造林後に伐採する材生産が主たる目的であるために，遺伝的多様性は重要ではない．スギの植林の歴史は長く，500年以上も前から在来品種を用いた挿し木による植林が行われている．全国で 32 の在来品種が存在し，どの品種も一クローンではなく，複数のクローンが混ざったもので構成されている（Ohba 1993）．これらの人工林では遺伝的多様性は極端に低いが，歴史的にも問題なく材生産が行われている．一方，天然林は生物多様性の観点だけでなく，遺伝子資源の保全，レクレーション，環境教育などにも重要な森林であるため，十分な遺伝的多様性の保全施策が必要となる．

　天然林の保全では，特に近隣での人工林の造成の際に，天然林の遺伝的多様性および構造を乱さない植林が求められる．そのためには樹種ごとに種苗の移動の遺伝的ガイドライン作成が必要となる．

　また天然林内で適切な天然更新が行われているかの調査も遺伝的多様性保全には重要である．このためには交配様式，遺伝子流動の調査が必要になる．交配様式は母樹ごとに他殖率を調査する（Obayashi *et al.* 2001）．他殖性植物にとってはこの他殖の程度が重要で，自殖が増えると種子や実生では近交弱勢が強く表れ生育不良となったり生存できなくなる（Naito *et al.* 2005, 2008）．また受精の際に受け取る花粉の父親の種類も多いほど多様性が高くなるため，近隣の同種の個体密度や花粉媒介者の種類と役割が重要となる．

　遺伝的ガイドラインは中立な遺伝マーカーを用いて行っているために，地域適応的遺伝子の活用が必要となる．これらも実験的に短期間に検出できるシステムができつつあるため，これらの結果をガイドラインに取り入れていくのがよいであろう．将来的には産地試験との結果と比較していくことも重要である．

　有用樹種では育種を進めると，優れた系統だけに絞り込むため，生産される種

苗の遺伝的多様性は減少していく．しかし，人工林では植栽後，成長して人工林内で更新させることはないので問題にはならない．

謝　辞

本章で紹介した広葉樹の遺伝的ガイドラインは環境省プロジェクトで得られた成果をもとに研究グループ内で議論を重ねて策定した案である．研究グループは東北大学（陶山佳久，以下敬称略），東京大学（斉藤陽子，井出雄二），岐阜大学（向井譲），名古屋大学（戸丸信弘），長野県林業総合センター（小山泰弘），中央農業研究センター（現在，東大，岩田洋佳），森林総研（吉丸博志，上野真義，津田吉晃，松本麻子，高橋誠，武津栄太郎）のメンバーである．またこのガイドラインの策定にあたってはプロジェクトの評価委員である九州大学の舘田英典 教授，筑波大学の中村徹 教授に多くの助言を頂いた．その他，千葉大学の小林達明 教授，山梨県森林総合研究所の長池卓男 氏，森林総研林木育種センターの三浦真弘 氏には広葉樹の種苗配布のあり方についての座談会で多くのアイデアを頂いた（林木の育種　230：2-12, 2009）．これらの多くの意見や助言に深く感謝の意を表す．

引用文献

Aizawa M., H. Yoshimaru, H. Saito, T. Katsuki, T. Kawahara, K. Kitamura, F. Shi and M. Kaji 2007. Phylogeography of a northeast Asian spruce, *Picea jezoensis*, inferred from genetic variation observed in organelle DNA markers. Molecular Ecology 16： 3393 - 3405.

Aizawa M., H. Yoshimaru, H. Saito, T. Katsuki, T. Kawahara, K. Kitamura, F. Shi, R. Sabirov and M. Kaji 2009. Range-wide genetic structure in a north-east Asian spruce (*Picea jezoensis*) determined using nuclear microsatellite markers. Journal of Biogeography 36： 996 - 1007

Aoki, K., T. Suzuki, T.-W. Hsu and N. Murakami 2004. Phylogeography of the component species of broad-leaved evergreen forests in Japan, based on chloroplast DNA variation. J. Plant Res. 117： 77 - 94.

Fenster, C. B. and L. F. Galloway 2000. Inbreeding and outbreeding depression in natural populations of *Chamaecrista fasciculata* (Fabaceae). Conser. Biol. 14： 1406 - 1412

Fu, Y. X., and W. H. Li, 1993 Statistical tests of neutrality of mutations. Genetics 133： 693‐709. Fay JC, Wu CI 2000. Hitchhiking under positive Darwinian selection. Genetics 155：1405‐1413

Fujii, N., N. Tomaru, K. Okuyama, T. Koike, T. Mikami, and K. Ueda 2002. Chloroplast DNA phylogeography of *Fagus crenata* (Fagaceae) in Japan. Plant Syst. Evol. 232： 21‐33.

Fukue, Y., T. Kado, S. L. Lee, K. K.S. Ng, N. Muhammad and Y. Tsumura 2007. Effects of flowering tree-density on mating system and gene flow in *Shorea leprosula* (Dipterocarpaceae) in Peninsular Malaysia. Journal of Plant Research 120：413‐420.

Hedrick, P.W. 2005. A standardized genetic differentiation measure. Evolution 59：1633‐1638.

Hiraoka, K. and N. Tomaru 2009a. Genetic divergence in nuclear genomes between populations of *Fagus crenata* along the Japan Sea and Pacific sides of Japan. Journal of Plant Research 122：269‐282

Hiraoka, K. and N. Tomaru 2009b. Population genetic structure of *Fagus japonica* revealed by nuclear microsatellite markers. Int J Plant Sci 170：748‐758

Hudson, R. R., M. Kreitman and M. Aguadé, 1987. A test of neutral hypothesis by DNA polymorphism. Genetics 116：153‐159.

Iwata, H., T. Kamijo and Y. Tsumura 2006. Assessment of genetic diversity of native species in Izu Islands for a discriminate choice of source populations: implications for revegetation of volcanically devastated sites. Conservation Genetics 7：399‐413

Jost, L. 2008. GST and its relatives do not measure differentiation. Molecular Ecology, 17, 4015‐4026.

亀山章（監修）　2006. 生物多様性緑化ハンドブック，pp.323，地人書館，東京

Kanno, M., J. Yokoyama, Y. Suyama, M. Ohyama, T. Itoh, and M. Suzuki 2004. Geographical distribution of two haplotypes of chloroplast DNA in four oak species (*Quercus*) in Japan. J. Plant Res. 117：311‐317.

Kato, S., H. Iwata, Y. Tsumura, and Y. Mukai 2007. Distribution of S-alleles in island populations of flowering cherry, *Prunus lannesiana* var. *speciosa*. Genes and Genetic Systems 82：65‐75.

Konuma, A., Y. Tsumura, C.T. Lee, S.L. Lee and T Okuda. 2000. Estimation of gene flow in the tropical-rainforest tree *Neobalanocarpus heimii* (Dipterocarpaceae), inferred from paternity analysis. Molecular Ecology 9：1843‐1852.

Matsumoto, A., K. Uchida, Y. Taguchi, N. Tani and Y. Tsumura 2010. Genetic diversity and structure of natural fragmented *Chamaecyparis obtusa* populations as revealed by microsatellite markers. Journal of Plant Research 123：68‐699

McDonald, J. H., and M. Kreitman, 1991. Adaptive protein evolution at the Adh locus in Drosophila. Nature 351：652‐654.

宮田増男・生方正俊 1994. クロマツ天然性林におけるアロザイム変異. 日本林学会誌 76:445 - 455.
Nagasaka, K., Z. M. Wang, and K. Tanaka 1997. Genetic variation among natural *Abies sachalinensis* populations in relation to environmental gradients in Hokkaido, Japan. For. Genet. 4:43 - 50.
Naito Y., M. Kanzaki, H. Iwata, K. Obayashi, S. L. Lee, N. Muhammad, T. Okuda and Y. Tsumura 2008. Density-dependent selfing and its effects on seed performance in a tropical canopy tree species, *Shorea acuminata* (Dipterocarpaceae). Forest Ecology and Management 256:375 - 383.
Naito, Y., A. Konuma, H. Iwata, Y. Suyama, K. Seiwa,T. Okuda, S. L. Lee, Norwati M. and Y. Tsumura 2005. Selfing and inbreeding depression in seeds and seedlings of *Neobalanocarpus heimii.* (Dipterocarpaceae). Journal of Plant Research 118:423 - 430
Obayashi, K., Y. Tsumura, T. Ihara-Ujino, K. Niiyama, H. Tanouchi, Y. Suyama I. Washitani, C.T. Lee, S.L. Lee and N. Muhammad 2002. Genetic diversity and outcrossing rate between undisturbed and selectively logged forests of *Shorea curtisii* (Dipterocarpaceae) using microsatellite DNA analysis. International Journal of Plant Science 163:151 - 158.
Ohba, K. 1993. Clonal forestry with sugi (Cryptomeria japonica). In:Ahuja MR, Libby WJ (eds) Clonal Forestry. Vol II:Conservation and Application. Springer, Berlin, Germany, pp 66 - 90
Ohi, T., M. Wakabayashi, S.-G. Wu and J. Murata 2003. Phylogeography of Stachyurus praecox (Stachyuraceae) in the Japanese Archipelago based on chloroplast DNA haplotypes. J. Jpn. Bot. 78:1 - 14.
Okaura, T. and K. Harada 2002. Phylogeographical structure revealed by chloroplast DNA variation in Japanese beech (*Fagus crenata* Blume). Heredity 88:32 - 329.
Price, M. V., and N. M. Waser. 1979. Pollen dispersal and optimal outcrossing in Delphinium nelsoni. Nature 277:294 - 297.
Senjo, M., K. Kimura, Y. Watano, K. Ueda, and T. Shimizu 1999. Extensive mitochondrial introgression from *Pinus pumila* to *P. parviflora* var. *pantaphylla* (Pinaceae). J. Plant Res. 112:97 - 106.
Shiraishi, S., H. Kaminaka and N. Ohyama 1987. Genetic variation and differentiation recognized at two loci in hinoki (*Chamaecyparis obtusa*). J. Jpn. For. Soc. 74:44 - 48.
Sugahara K, Y. Kaneko, S. Ito, K. Yamanaka, H. Sakio, K. Hoshizaki, W. Suzuki, N. Yamanaka and H. Setoguchi 2010. Phylogeography of Japanese horse chestnut (*Aesculus turbinata*) in the Japanese Archipelago based on chloroplast DNA haplotypes. Journal of Plant Research (in press)
Suyama, Y., Y. Tsumura and K. Ohba 1997. A cline of allozyme variation in *Abies*

mariesii. J. Plant Res. 110 : 219 - 226

Stacy, E. A. 2001. Cross-fertility in two tropical tree species : evidence of inbreeding depression within populations and genetic divergence among populations. Am. J. Bot. 88 : 1041 - 1051

Tajima, F. 1989. Statistical-method for testing the neutral mutation hypothesis by DNA polymorphism. Genetics 123 : 585 - 595.

Takahashi, M., Y. Tsumura, T. Nakamura, K. Uchida and K. Ohba 1994. Allozyme variation of *Fagus crenata* in northeastern Japan. Can. J. For. Res. 24 : 1071 - 1074.

Takahashi, T., N. Tani, H. Taira, and Y. Tsumura 2005. Microsatellite markers reveal high allelic variation in natural populations of *Cryptomeria japonica* near refugial areas of the last glacial period. J. Plant Res. 118 : 83 - 90.

Tani, N., K. Maruyama, N. Tomaru, K. Uchida, M. Araki, Y. Tsumura, H. Yoshimaru, and K. Ohba 2003. Genetic diversity of nuclear and mitochondrial genomes in *Pinus parviflora* Sieb. & Zucc. Pinaceae) populations. Heredity 91 : 510 - 518.

Tani, N., N., Tomaru, M. Araki and K. Ohba 1996. Genetic diversity and differentiation in populations of Japanese stone pine (*Pinus pumila*) in Japan. Can. J. For. Res. 26 : 1454 - 1462.

Templeton, A. R. 1986. Coadaptation and outbreeding depression. *In* : M. E. Soule [ed.], Conservation biology : the science of scarcity and diversity, 10 - 116. Sinauer, Massachusetts, USA.

Tomaru, N., T. Mitsutsuji, M. Takahashi, Y. Tsumura, K. Uchida and K. Ohba 1996. Genetic diversity in Japanese beech, *Fagus crenata* : influence of the distributional shift during the late-Quaternary. Heredity 78 : 241 - 251.

Tomaru, N., M. Takahashi, Y. Tsumura, M. Takahashi, and K. Ohba 1998. Intraspecific variation and phylogeographic patterns of *Fagus crenata* (Fagaceae) mitochondrial DNA. Am. J. Bot. 85 : 629 - 636.

Tsukada, M. 1983. Vegetation and climate during the last glacial maximum in Japan. Quaternary Res. 19 : 212 - 235.

Tsumura, Y, A. Matsumoto, N. Tani, T. Ujino-Ihara, T. Kado, H. Iwata, and K. Uchida 2007a. Genetic diversity and the genetic structure of natural populations of *Chamaecyparis obtusa* : implications for management and conservation. Heredity 99 : 161 - 172

Tsumura, Y, T. Kado, T. Takahashi, N. Tani, T. Ujino-Ihara and H. Iwata 2007b. Genome-scan to detect genetic structure and adaptive genes of natural populations of *Cryptomeria japonica*. Genetics 176 : 2393 - 2403.

Tsumura, Y. 2006. The phylogeographic structure of Japanese coniferous species as revealed by genetic markers. Taxon 55 : 53 - 66

Tsumura, Y. and K. Ohba 1992. Allozyme variation of five natural populations of *Cryptomeria japonica* in western Japan. Jpn. J. Genet. 67 : 299 - 308.

Tsumura, Y. and Y. Suyama 1998. Differentiation of mitochondrial DNA polymorphisms in populations of five Japanese *Abies*. Evolution 52 : 1031 - 1042.

Uchida, K., N. Tomaru, C. Tomaru, C. Yamamoto and K. Ohba 1997. Allozyme variation in natural populations of hinoki, *Chamaecyparis obtusa* (Sieb. et Zucc.) Endl., and its comparison with the plus-trees selected from artificial stands. Breed. Sci. 47 : 7 - 14.

Ueno, S., S. Setsuko, T. Kawahara, and H. Yoshimaru 2005. Genetic diversity and differentiation of the endangered Japanese endemic tree *Magnolia stellata* using nuclear and chloroplast microsatellite markers. Conservation Genetics 6 : 563 - 574

鵜飼保雄　2000. ゲノムレベルの遺伝解析―MAP と QTL, 350pp., 東京大学出版, 東京

Yamada, H., M. Ubukata and R. Hashimoto. 2006. Microsatellite variation and differentiation among local populations of Castanopsis species in Japan. Journal of Plant Research 119 : 69 - 78

第5章
種苗放流の遺伝的影響：実態と展望

北田修一
東京海洋大学海洋科学部

1. 日本の漁業と栽培漁業

　1984年には1,281万tあった日本の漁業生産量はこの20年間減少を続け，2009年には543万tと過去最低となった．漁業部門別内訳は，遠洋44万t（8.1%），沖合242万t（44.6%），沿岸129万t（23.8%），海面養殖120万t（22.0%），内水面漁業・養殖がそれぞれ4万t（1.5%）で，過去最高であった対1984年比では，遠洋19.3%，沖合34.8%，沿岸56.9%，内水面漁業・養殖39.7%と大幅に減少している．海面養殖は，107.8%と唯一増加しているが，1994年の134万tをピークに漸減している．この内の魚類養殖は，天然種苗を育成するブリ類が安定して15万tを供給し，次いで，人工種苗を育成するマダイ7万t，ギンザケ1.3万t，ヒラメ4.2千tがこれに次ぐ（漁業養殖業生産統計年報）．1980年代から急増した輸入は，2000年代に入って減少傾向にある．輸入を含めた水産物の国内総供給量は993万tで，対84年比では67.2%に落ち込んでいる．

　沿岸漁業生産の内，4割以上は栽培漁業（種苗放流）で生産されている．シロザケ（サケ）21万tのほぼすべて，ホタテガイ32万tの100%は栽培漁業による生産であり，マダイおよびヒラメでは漁獲量の約10%が（Kitada and Kishino, 2006），アワビでは約30%（Hamasaki and Kitada, 2008）が放流個体と見積もられている．日本の沿岸漁業において栽培漁業は重要な役割を果たしており，漁業者からの期待は大きい．1977年から2008年までの上位8種の種苗放流数を

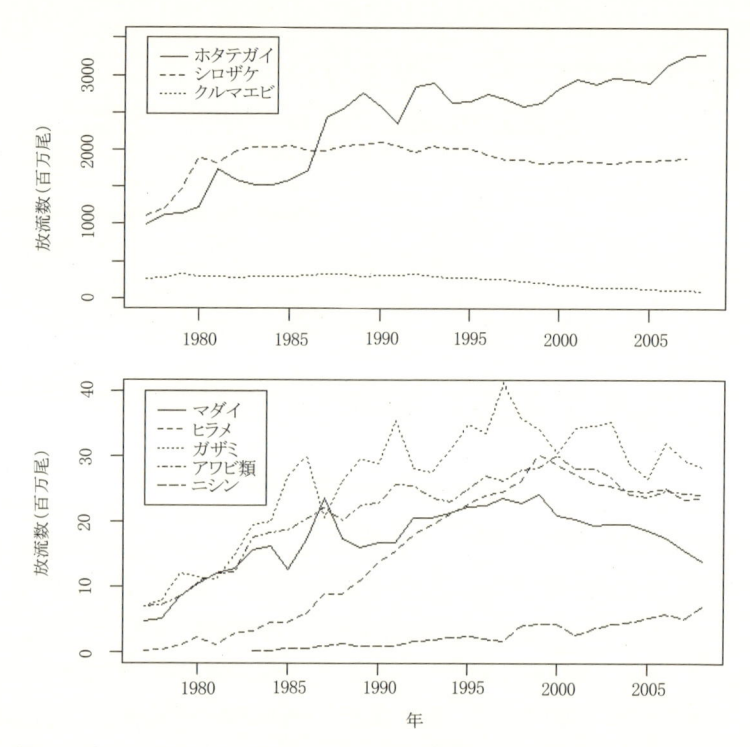

図1 日本における上位8種類の1977年から2008年までの種苗放流数の推移
（データ：種苗生産，入手・放流実績）

見ると，ホタテガイ，ニシンは現在も放流数を伸ばしているが，シロザケは効果的な放流数を模索しながら調整し1990年以降漸減しこの20年で約1割減少した．栽培漁業の代表種であるクルマエビ，ガザミ，アワビ，ヒラメ，マダイについては，90年代後半から，一貫して減少している．一方，内水面では，アユやヤマメなど遊漁対象種の放流は，天然資源の乱獲を緩和する上で不可欠な資源保全手法となっている．「栽培漁業」とは，栽培漁業センターやふ化場で人工繁殖により生産した水産動物の種苗（稚仔）を自然の水面に放流し，自然の生産力に委ねて育成し，管理して漁獲する漁業をいう．種苗放流により，資源加入量を上乗せして漁業生産を増加させる直接（世代内）効果および成長した個体が再生産に寄与することによって，次世代の資源加入量を増加させる再生産（世代間）効果が期

待される（北田　2001）．放流された種苗は無主物である．これに対して，網生簀や水槽，飼育池などに水産動植物の稚仔などを収容し，市場価値を持つ大きさまで育成した後販売する「養殖」では私有物である．人工繁殖技術を用いて絶滅・縮小した個体群を回復させるいわゆる「保護増殖」はトキやコウノトリなど多くの動物で行われており，保全生物学では supportive breeding や creative conservation とよばれている．技術的にはこれと同じ栽培漁業は，多くの魚種で資源減少が懸念されることから，今後一層重要な役割を果たすことが期待される．

　一方，1980年代後半頃から，北アメリカのサケ科魚類の放流とスカンジナビアでの大西洋サケの養殖を背景として，栽培漁業や養殖の生態系に対する負の影響が懸念されようになった．問題は，人工繁殖によって生産されたいわゆる人工種苗が大量に野外に放された場合，天然集団との間で生態的・遺伝的に様々な交互作用が起きることにある．近年では，世界の漁業生産の約30％を占める魚類養殖に起因する病原菌や寄生虫の被害に加え，生簀網からの逃亡と生簀内での産卵による遺伝的影響についても懸念が広がっている．放流・養殖にかかわらず人工種苗の遺伝的影響問題の本質は，その遺伝子が再生産を通じて天然集団に広がることにより，その遺伝的多様性が減少し，集団の生残率や繁殖成功度などのフィットネス（適応度）の低下を引き起こすのではないかという懸念である．人工種苗が天然個体と遺伝的・外部形態的に異なることは1980年代から認識されていたが，90年代に入って遺伝子分析技術が普及したことから，サケのほか，アワビ類，ヒラメ，マダイなどの海産種についても，人工種苗と天然集団の遺伝的差異が報告された．最近では，人工種苗と天然魚の自然環境下でのフィットネスの差に関心が集まっている．第2節で見るように，人工種苗の放流が天然集団に与える遺伝的影響は，評価が難しいことからその実態はほとんど明らかではない．しかし，この問題は，生産と環境との調和が求められる現代において栽培漁業や養殖を行っていく上では，避けて通れない重要課題である．

　そこで，本章では，栽培漁業の新たな展開を考える一助として，人工種苗放流の天然集団への遺伝的影響の実態を理解することを目的とする．これまでの研究をレビューした後，マダイとニシンの事例（北田　2008）に，栽培漁業の代表的な成功事例であるシロザケとホタテガイのデータを加え，種苗放流の遺伝的多様

性およびフィットネスに対する影響を検証するとともに，今後の方向を展望する．なお，ここでは，親魚集団が放流魚を含んでいても自然環境で再生産された個体は天然魚として取り扱う．

2. 種苗放流の遺伝的影響評価研究の現状

Araki and Schmid（2010）は，放流種苗のフィットネスと放流対象資源への

表 1 人工種苗集団のフィットネスと遺伝的多様性について天然集団と比較した生態的・遺伝的研究（Araki and Schmid(2010)の Table 1, 2, 3 を統合）．

種名	生態学的研究								
	フィットネス評価								
	生残率		成長		繁殖成功		外敵捕食	n.f	n.a
	低	同等	低	同等	低	同等			
1 大西洋サケ (*Salmo salar*)	1				1				
2 ブルックトラウト(*Salvelinus fontinalis*)	1	1	1						
3 ブラウントラウト (*Salmo trutta*)		1	1						
4 シロザケ (*Oncorhynchus keta*)									
5 マスノスケ (*O. tshawytscha*)									
6 ギンザケ (*O. kisutch*)					1				
7 カットスロートトラウト(*O. clarki*)									
8 ニジマス (*O. mykiss*)	1								
9 スチールヘッド (*O. mykiss*)									1
小計	3	2	0	2	2	0	0	0	1
10 大西洋タラ (*Gadus morhua*)									1
11 アワビ類 (*Haliotis* spp.)									
12 アユ (*Plecoglossus altivelis*)									
13 マツカワ (*Verasper moseri*)									
14 ホンアメリカイタヤ(*Argopecten irradians*)								1	
15 シロクラベラ (*Choerodon schoenleinii*)								1	
16 クロダイ (*Acanthopagrus schlegelii*)									
17 アメリカナマズ (*Ictalurus punctatus*)									
18 ヨーロピアンロブスター (*Homarus gammarus*)								1	
19 ホンビノスガイ (*Mercenaria mercenaria*)									
20 ミヤタナゴ (*Tanakia tango*)									
21 ヒラメ (*Paralichthys olivaceus*)									
22 トゲノコギリガザミ (*Scylla paramamosain*)	1		1						
23 太平洋ニシン (*Clupea pallasii*)									
24 マガキ (*Crassostrea gigas*)									
25 クイーンコンク (*Strombus gigas*)	1			1					
26 レッドドラム (*Sciaenops ocellatus*)							1		
27 マダイ (*Pagrus major*)	1								
28 アカアマダイ (*Branchiostegus japonicus*)								1	
29 ホシガレイ (*Verasper variegatus*)									
30 サマーフラウンダー (*Paralichthys dentatus*)							1		
31 ターボット (*Scopthalmus maximus*)		1							
32 ターボット (*psetta maxima*)				1					
33 ウィンターフラウンダー (*Psuedopleuronectes americanus*)							1		
小計	3	1	1	2	0	0	3	4	1
合計	6	3	1	4	2	0	3	4	2

第 5 章　種苗放流の遺伝的影響：実態と展望

インパクトに焦点をあて，過去 50 年間に出版された人工種苗放流群の生態，遺伝的特性を天然群と比較した審査付き原著論文 266 編をレビューした（99 編は遺伝解析の結果を含んでいる）．この内，延べ 71 編の論文の内容を，1) 標識放流や目視などの生態調査によるフィットネス評価（彼らの Table 1），2) 遺伝解析によるフィットネス評価（同 Table 2），3) 遺伝的多様性への影響（同 Table

2009 年 8 月までの最近 50 年間に学術誌に掲載された論文をレビュー．
n.f.：影響は観測されず，n.a.：解析されていない，N_e：有効集団サイズ

遺伝的研究												
フィットネス評価						多様性評価						
生残率		繁殖成功		n.f	n.a	no. allele /hap.		ヘテロ接合度		N_e	遺伝的	n.f	n.a
低	同等	低	同等			低	同等	低	同等	減少	差異		
1						4		3	1		1		
		2	1			2		1		1	2		
			1									1	
			1			1		1			1		
1													
1		3								1			
3	0	5	3	0	0	7	0	5	1	3	4	1	0
						2		2	1	1			
					1	1							
				1						1	1		
				1	1	2		1	1	1	2		
						1		1			1		
1						1			1				
					1	2					2		1
						1							1
						2		1	1				
						1				1			
						2				2	2		
						1			1	1	1		
1	0	0	0	3	2	16	0	5	7	5	9	2	0
4	0	5	3	3	2	23	0	10	8	8	13	3	0

3）に分けて整理し，現状を理解する上で有用な情報を提供している．ここでは，不明な部分が多く残されている放流対象集団に対する影響（Araki and Schmid の Table 1-3 の Stock enhancement の列）を除き（これについての議論は本稿の 3（4）で行う），魚種別の状況を概観するため，これらを統合して 1 つの表にまとめた（表 1）．これによれば，サケ科魚類 9 種，海産種 21 種，淡水魚 3 種，計 33 種について研究が行われている．

（1）人工種苗のフィットネス

表 1 から，自然環境下では人工種苗は天然個体より外敵に捕食されやすく，生残率および成長が低下することが実際に起きることがわかる．ただ，一方では天然個体と同等の例もあることから種苗生産技術の改良で種苗性を改善できる可能性があるといえる．人工種苗の自然環境下での繁殖成功度の遺伝的評価では，ブラウントラウト 2 例（Morán *et al.*, 1991；Hansen, 2002），スチールヘッド 3 例（Chilcote *et al.*, 1986 と Leider *et al.*, 1990；McLean *et al.*, 2003, 2004；Araki *et al.*, 2007a,b, 2009）で低下が報告されている．一方，ブラウントラウト（Dannewitz *et al.*, 2004），ギンザケ（Ford *et al.*, 2006），シロザケ（Berejikian *et al.*, 2009）では遜色ない結果が報告されている．この 3 種については Araki and Schmid（2010）の Table 2 では，フィットネスへの影響は Not found あるいは unconfirmed とされているが，差が有意ではないことから Table 1 では同等と整理した．以下ではこれらの内，マイクロサテライト遺伝子型で親子鑑定（parentage assignment）しており，放流魚の繁殖成功度の低下を報告した最新のスチールヘッド（Araki *et al.*, 2007a,b, 2009）の結果を見ていこう．

Araki *et al.*（2007a, b）は，米国コロンビア川支流のフッド川（Hood River）において，天然魚と人工種苗親を交配してふ化場で生産したスチールヘッド人工種苗（ふ化場産第 1 世代，F_1）の自然環境下における繁殖成功度を評価した．F_1 世代の放流魚が回帰してダム上流で天然魚とともに自然産卵し，これから何尾が親になって回帰したか DNA 親子鑑定法で推定した．フッド川ではダムにおいて遡上魚すべてを捕獲できるので，回帰した仔（ふ化場産の第 2 世代（F_2）および天然魚）の遺伝子型を 8 つの遺伝子座で調べ，親である F_1 世代（放流魚および天然魚）の遺伝子型と比較することによってどの交配グループの仔であるかを親

子鑑定した．回帰したふ化場産 F_1 世代の親 1 尾が自然産卵で残す次世代の親の数すなわち繁殖成功度（reproductive success, RS）と天然魚のそれを推定し，この比をとって相対繁殖成功度（relative reproductive success, RRS）を算定した（日本語の解説は，荒木（2009）を参照）．フッド川に冬に回帰してくる winter-run（冬群）の天然魚・放流魚を含めた全体の RS の推定値は，1995 年から 2000 年までの間 0.28 から 2.68 尾である．例えば，ふ化場生産魚 1 尾から生まれた仔の内，1.72 尾が数年後に産卵のため生まれた川に回帰し，天然魚 1 尾から 2.10 尾が回帰した場合では，ふ化場生産魚の RRS は 1.72/2.10 = 0.82 と推定される．

ここでは，毎年回帰した親魚を種苗生産に使ういわゆる supplementary hatchery の場合の結果をまとめて示す（図 2A）．用いたデータは，Araki et al.（2007a）Table 3 の H_{supp} without angling の雌雄各 3 例と Araki et al.（2007b）Table 1 の From all parents の雌雄各 3 例および Supporting online material の Table S1 の雌雄各 6 例の計オス 12 例，メス 12 例である．ふ化場産の人工種苗（F_1 世代）の RRS±SD はオスが 0.588±0.263，メスが 0.659±0.339，雌雄込みでは 0.623±0.299 となる（図 2A のグレー）．

Araki et al.（2009）は，F_2 世代の RRS も推定している．その Table 1 の雌雄各 9 例のデータをまとめて示した．RRS±SD はオスが 0.802±0.377，メスが 0.729±0.295，雌雄込みでは 0.766±0.330 となる（図 2A）．F_2，すなわち自然環境で生まれたにもかかわらず放流魚を親にもつ個体，の RRS の点推定値は，F_1 のそれよりオスが 1.36 倍，メスで 1.11 倍に改善しているが，依然として 1 より小さい．これを Araki et al.（2009）は carry-over effect と呼んだ．ただ，この回帰傾向と SD の大きさからみて，世代を経るにつれ繁殖成功度は自然選択によって元に戻っていくと予想される．これは自然選択によって，ふ化場内での飼育の影響がキャンセルされることを示唆している．

遺伝的多様性をみてみよう．放流魚を含む Hood River のスチールヘッド集団のアリル（対立遺伝子）数は 8 つの遺伝子座で 17-64 と変異に富んでいる（Araki et al., 2007a，図 2B）．放流開始前のデータはないが，種苗放流が天然集団の遺

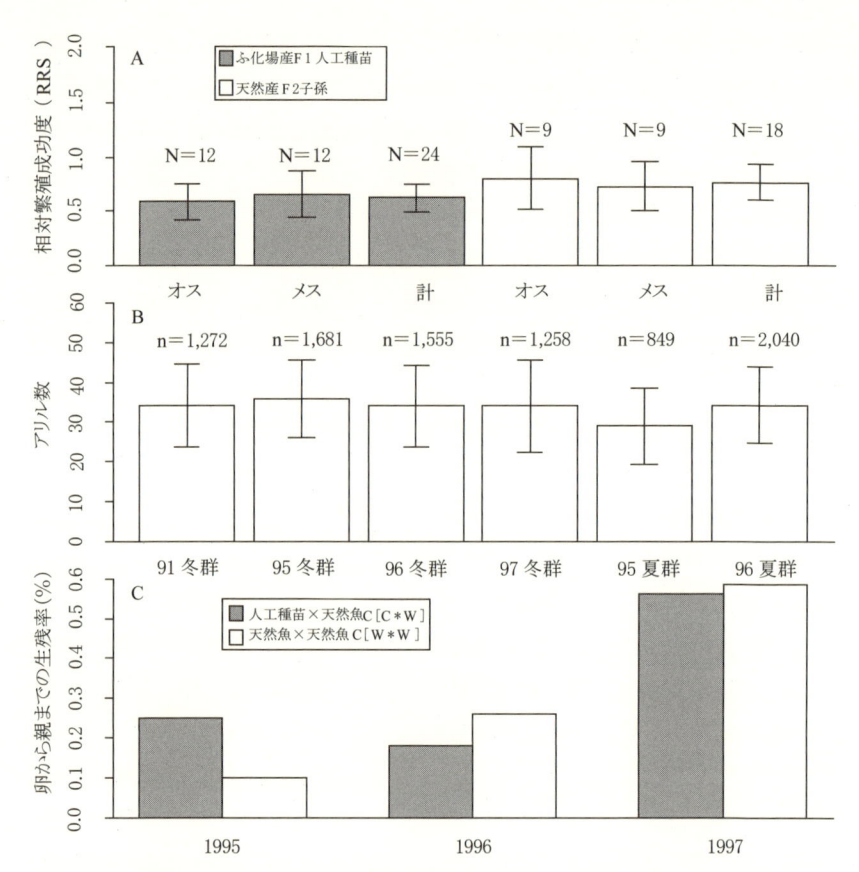

図2 Hood Riverのスチールヘッドにおける A. 人工種苗とそのF_2の相対再生産成功比（RRS±SD）（Araki et al. 2007a, 2009），B. マイクロサテライト8遺伝子座における平均アリル数±SD（Araki et al. 2007b），C. ふ化場生産魚の卵から親までの生残率（Araki et al. 2007a）．冬群，夏群は回帰時期を表す．

伝的多様性を低下させたようには見えない．Hood Riverスチールヘッド放流魚の自然環境での繁殖成功度の低下は，遺伝的多様性の低下に起因するものではないと考えてよさそうである．繁殖成功度の低下のメカニズムは明らかではないが，Araki et al.（2008）は，飼育選択（domestication selection，ふ化場内の飼育環境に適した形質を有する個体が結果として選択されること）を第1にあげている．

繁殖成功度の低下が起きるのは生活史のどの段階であろうか．Araki et al.

（2007b）Table S5 は，天然魚（W）とふ化場生産魚（C）を親としてふ化場で生産したスチールヘッド C[W×C]と両親を天然魚として生産した C[W×W]について，卵から親までの生残率を推定している（図 2C）．ここで，C[　]はふ化場で生産した captive-reared fish を意味する．卵から親までの生残率は，C[C×W] で 0.0033±0.0020，C[W×W]で 0.0032±0.0025 で，両者に差はない（Kruskal-Wallis 順位和検定，$p=0.8273$）．一方，C[C×W]の C[W×W]に対する RRS は，0.546 と推定されている（Araki et al., 2007b）．このことは，繁殖成功度の低下は卵が産まれる前からスモルトまでの間に起きていることを強く示唆する．サケ科魚類では放卵・放精はペアで行われるため，メスを巡るオス間の競争は激しい．スチールヘッド人工種苗のふ化場での飼育期間は 1 年を超える．これに対し，シロザケではふ化場での飼育期間は 3-4 カ月程度であり，飼育選択にさらされる期間はスチールヘッドより大幅に短い．シロザケのメスの産卵行動はふ化場魚と天然魚で差がないことも報告されている（Berejikian et al., 2009）．以上の結果は，スチールヘッドは長期間にわたる飼育によって野生味が失われ，ギンザケでは知られているように（Fleming and Gross, 1993），生活史の最後の力をふり絞って行うメスを巡る競争においてふ化場産オスが天然オスに負けている可能性を示唆する．

　一方，シロザケの RRS を推定している唯一の事例では，放流魚の RRS はオスで 1.03，メスで 0.72，合わせて 0.83 とスチールヘッドよりも大きく推定されており，95%信頼区間はいずれも 1 を挟んでいることから（Berejikian et al., 2009），放流魚の繁殖成功度の有意な低下はないといえる．長年の放流が実施されてきたブラウントラウト（Dannewitz et al., 2004）とギンザケ（Ford et al., 2006）の例でも，放流魚と天然魚の繁殖成功度には有意な差がなかった．また，最近になって，親子判定法の精度の問題も指摘されている．親の 1 世代前の有効集団サイズが小さい場合，子が親に正しくアサイン（割りふられる）される確率が下に偏ることがマスノスケの実データを用いたシミュレーションで確かめられた（Ford amd Williamson, 2010）．マスノスケの例は，放流魚の祖父祖母世代の有効親魚数が 14.5-50.8，天然のそれが 82.5-598.8 であり，この場合は天然魚の親グループには正確にアサインされるが放流魚の親に正確にアサインされる確率が 0.888

±0.047 に低下した（彼らの Fig.1 のデータ）．この場合，RRS は過小評価されていることになる．放流魚は有効な親の数が天然魚に比べて少ないので，放流魚集団は一般に多くの兄弟姉妹で構成されている．放流魚の仔を親にアサインする場合には，本当の親と遺伝的に極めて近い個体（おじ，おば）との区別が難しくなる．この現象は aunt and uncle effect と呼ばれている．これを含め，サケ科魚類の RRS の推定に関しては，今後の研究動向が注目される．

以上みたように，自然環境下での人工種苗の生残率，成長，行動や繁殖成功度などのフィットネスが天然個体に比べて低下し得る．その一方で，遜色ない結果も得られていることから，対象種や種苗の飼育方法によって放流後のパフォーマンスが違ってくることが考えられる．なお，人工種苗の放流が天然集団のフィットネスを低下させることを明らかにした研究例はなく，フッド川のスチールヘッドの例においても天然集団に対する影響は明らかではない．これについては，本章 3（4）で検討する．

（ 2 ） 遺 伝 的 多 様 性

人工種苗集団のアリル数やハプロタイプ数（ミトコンドリアの遺伝子型）の低下は 23 例で報告されているが，同等との報告は 0 である（表 1）．一方，ヘテロ（異型）接合度については，低下 10 例に対し同等が 8 例である．人工種苗集団の有効集団サイズ（N_e）の減少が 8 例，人工種苗と天然集団の遺伝的差異が 13 例で，アリル数やハプロタイプ数の低下を反映している．これらの結果は，少ない親を使用した場合には，人工種苗集団の遺伝的多様性が低下することを明示している．

人工種苗の放流が天然集団に与える影響について，Araki and Schmid（2010）は，表 1 右の多様性評価研究（彼らの Table 3）において，プラス，マイナスにかかわらず直接の証拠（direct evidence）はないとしている．これまでの経験データ解析では，天然集団における有効集団サイズの減少と集団構造の変化が大西洋サケ，ブラウントラウト，ギンザケで報告されている．影響を検出できなかった例もあるが，事例が少なくその実態は必ずしも明らかではない（Kitada *et al.*, 2009 を参照）．最近になって，次節で紹介するように，マダイの長期大量放流事例において天然集団の遺伝的多様性の低下が海産魚では初めて明らかになった．

3. 事例研究における影響評価

（1）種苗放流と漁獲の動向

種苗放流の遺伝的影響評価には，長期間にわたり大量放流が実施され，放流効果が顕著なデータを分析することが不可欠である．そこで，ここでは，放流効果に加え，遺伝のモニタリングが行われている4つの事例を分析する．それらの事例の種苗放流数と漁獲量の推移を図3に示す．

マダイ 鹿児島湾では，1974年から2007年までに平均全長約7cmのマダイ人工種苗2,329万尾が放流された．鼻腔隔皮欠損（皮側に2つある鼻腔がつながっている）によって放流魚と天然魚を識別し，鼻腔隔皮欠損率で補正して放流効果を推定している（宍道 2004）．1989年から2004年の漁獲に占める放流魚の混獲率（＝水揚げに占める放流魚の割合）は湾奥で$41.2±26.8\%$，湾央では$16.2±9.3\%$で，放流魚が天然資源に与える影響は大きく，湾内漁獲量の変動の50％は放流魚の漁獲量で説明される（Kitada and Kishino, 2006）．一方，湾外の鹿児島県内周辺海域では1984年から2004年までの間に1,796万尾のマダイが放流されたが，放流魚の混獲率は$2.5±1.76\%$と極めて低い（宍道・北田 2007）．なお，種苗生産用の親魚は陸上水槽に周年収容されており，2000年以降に天然魚を導入するまでは130尾程度の親を継続使用してきた．この間，その仔を親に用いるいわゆる継代飼育も行われている．放流が開始された1970年代には大量放流と放流魚の回収が念頭におかれ，環境問題に配慮する空気は社会全体になかった．なお，2009年の親魚数は約150尾で，毎年あるいは隔年ごとに天然若齢魚を補給し，親魚を徐々に更新している．

鹿児島湾は，南北約80km，東西約20kmの半閉鎖的な大型の内湾である．放流が集中的に行われてきた湾奥部の最大水深は210m，面積は243km^2，湾央部では237m，576km^{2}である（椎原 1986）．湾奥部では20m以浅の浅海部は少なく，ほとんど全域が急斜面ですり鉢状の独特な形状を呈しており，湾奥部全体が姶良カルデラと呼ばれている．湾奥部と幅約1.9km，水深約40mの西桜島水道により繋がっている湾央部には，東西両岸に20m以浅の浅海域が発達し，水深20～100mの緩斜面と100～200mの急斜面が続き，最深部は237mに及ぶ（宍

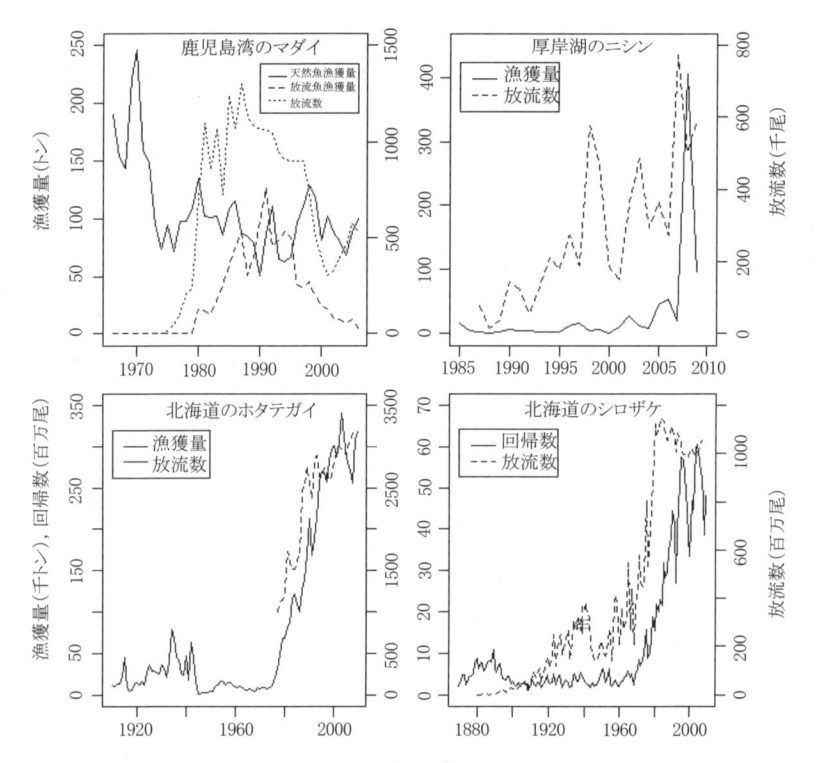

図3 マダイ，ニシン，ホタテガイ，シロザケの解析事例における放流数と漁獲量の推移

道 2004)．30年にわたる継代親魚から生産した種苗放流と鹿児島湾奥の閉鎖的な地形が，世界でも貴重な影響評価事例を提供することになる．

　ニシン　北海道厚岸湖では1987年から2009年までに平均全長約7cmのニシン人工種苗646万尾が放流された．放流魚の全数が耳石（硬骨魚類の内耳にあり，平衡感覚に関与する）に化学標識されている．1995年から2003年までの厚岸魚市場での放流魚の混獲率は28.9±15.6%であり（鈴木・福永 2004)，2008年には漁獲量が急増した．石狩湾や留萌など，放流実施地域では漁獲量が増加する一方，網走，十勝，日高，胆振，渡島の放流未実施地域では漁獲量の回復は見られていない．厚岸栽培漁業センターでは，毎年産卵に来遊する成熟個体から数百尾を用いて人工授精し，得られた受精卵を種苗生産に用いている．

ホタテガイ 北海道のホタテガイは,殻長 4cm ほどの満 1 歳の越冬稚貝を放流するようになった 1970 年代から漁獲量は劇的に増加した.種苗は天然の幼生を採集・活用するいわゆる天然採苗で,放流数は毎年 30 億個を超える.漁場の輪採制をとっており,典型的な 4 輪採制では放流漁場は 4 つの区画に分け,放流前に害敵であるヒトデを取り除く.育成した種苗を 1 年ずつ異なる区画に放流することにより,放流から丸 3 年間保護した漁場から毎年の収穫が可能となる.放流貝は 2 歳で成熟し再生産に参加するため(北田 2001),収穫には満 4 歳の放流貝と満 2 歳の仔が含まれている.

シロザケ 日本では,産卵に回帰してきたシロザケは沿岸の定置網で漁獲され,残りが川に遡上する.川に入ったシロザケは基本的にすべて捕獲し,ふ化場での人工ふ化飼育によって再生産過程を人間が肩代わりする方式がとられてきた.給餌飼育と適期放流技術により,1970 年代半ばから回帰数は急増した.北海道の放流数は 1984 年以降漸減傾向にあるが毎年 10 億尾を超え,高い放流効果が得られている.一方,回帰してくる魚の小型化や成熟年齢の低下が報告され,北太平洋の豊かな環境収容力にも限度があることが指摘された(帰山 2008).

(2) 遺伝的多様性への影響

マダイ 2002 年から 2004 年にかけて鹿児島湾奥および湾央,志布志湾,県内東シナ海で漁獲された 0 歳から 3 歳までの天然魚および湾内で漁獲された放流魚(鼻腔隔皮欠損により識別)の標本合計 410 尾について,$Pma1$,$Pma3$,$Pma5$ のマイクロサテライト 3 遺伝子座で遺伝子型を決定した(宍道 2004).放流魚および湾奥標本はその他の天然魚標本と比べてアリル(対立遺伝子)数が少なく,また,アリル頻度においても有意な差が認められたことから,湾奥での種苗放流の影響が示唆された(宍道 2004;宍道ら 2008).

標本の特性を表 2 に示した.希少アリルの消失により,アリル数は湾奥と放流魚で少ない.ただ,差は有意ではない.アリルリッチネスについても同様であった.希少アリルあるいはハプロタイプの消失が種苗放流に起因するかどうかを検討するため,2 つの親魚管理方策の下でシミュレーションを行った(Kitada *et al.*, 2009).今回,親の数が 300 尾および放流を 40 年続ける組み合わせも新たに追加計算した.放流を 30 年続けても,放流魚の貢献率が 0.2 以下ではすべて

表2 マダイ標本のマイクロサテライト3遺伝子座およびミトコンドリア調節領域における遺伝的多様性.
標本数（n），アリル数（NA），アリルリッチネス（AR），ヘテロ接合体率の観測値（H_o），ハーディワインベルグ平衡検定のp値，ハプロタイプ数（NH），ハプロタイプリッチネス（HR），ハプロタイプ多様度（h），塩基多様度（π）．（ ）は遺伝子座をわたる標準偏差（マイクロサテライト）および標準誤差（ミトコンドリア）

	マイクロサテライト				
	n	NA	AR	H_o	HW-p
東シナ海	100	28.3 (4.93)	21.4 (3.99)	0.837 (0.101)	0.142
志布志湾	100	28.7 (4.04)	21.6 (3.19)	0.870 (0.072)	0.507
湾央	100	24.0 (6.08)	18.6 (5.18)	0.847 (0.163)	0.793
湾奥	68	20.7 (4.62)	18.4 (4.55)	0.897 (0.081)	0.743
放流魚	42	14.0 (5.29)	14.0 (5.29)	0.810 (0.151)	0.070

	ミトコンドリア調節領域				
	n	NH	HR	h	π
東シナ海	86	75	32.8	0.996 (0.003)	0.026 (0.013)
志布志湾	63	55	32.4	0.996 (0.004)	0.026 (0.013)
湾央	86	71	30.9	0.990 (0.005)	0.026 (0.013)
湾奥	58	32	21.8	0.960 (0.012)	0.023 (0.012)
放流魚	36	8	7.0	0.851 (0.029)	0.015 (0.008)

の場合で希少アリルの消失確率は0である（表3）．放流期間が20年の場合，希少アリルの消失確率は，親魚数が少ないほど，また，放流魚の貢献率が高いほど大きい．放流期間が30年と長く貢献率が0.4と大きい場合は，毎年交換方策の消失確率が継続使用方策よりも大きくなっている．これは，継続使用方策では，その希少アリルを持つ個体の数が毎年変わらないのに対し，毎年交換方策では，採捕する天然魚の中にその希少アリルを持つ個体が含まれない場合も起きるからである．親魚継続使用方策のシミュレーションにおいて，親魚数50と100では放流を30年続けた場合の希少アリルの消失確率は，放流魚の貢献率が0.3-0.4では0.368-0.607であった．この結果より，鹿児島湾奥のマダイで見られた希少アリルの顕著な消失は，30年以上にわたる親魚継続使用による2,000万尾以上の人工種苗放流によって起きたことがわかる．

一方，ヘテロ接合体率の観測値は大きく，湾奥および放流魚においても他と同様のレベルにあった．アリル数が減少してもヘテロ接合体率は高い値で保たれている．これは，ヘテロ接合体率 H はアリル頻度 Pi の関数 $H = 1 - \sum p_i^2$ であり，

第 5 章 種苗放流の遺伝的影響：実態と展望

表 3 希少アリルまたは希少ハプロタイプ（頻度 0.01）が放流対象集団から消失する確率（1,000 回のシミュレーション）

放流年数	放流魚貢献率	親魚数 50		100		200		300	
		継続使用	毎年交換	継続使用	毎年交換	継続使用	毎年交換	継続使用	毎年交換
10	0.1	0	0	0	0	0	0	0	0
	0.2	0	0	0	0	0	0	0	0
	0.3	0	0	0	0	0	0	0	0
	0.4	0	0	0	0	0	0	0	0
20	0.1	0	0	0	0	0	0	0	0
	0.2	0	0	0	0	0	0	0	0
	0.3	0.607	0.188	0.368	0.038	0.135	0.002	0.050	0
	0.4	0.607	0.498	0.368	0.323	0.135	0.103	0.050	0.052
30	0.1	0	0	0	0	0	0	0	0
	0.2	0	0	0	0	0	0	0	0
	0.3	0.607	0.465	0.368	0.264	0.135	0.094	0.050	0.037
	0.4	0.607	0.714	0.368	0.543	0.135	0.298	0.050	0.204
40	0.1	0	0	0	0	0	0	0	0
	0.2	0.607	0.239	0.368	0.081	0.135	0.009	0.050	0.002
	0.3	0.607	0.657	0.368	0.444	0.135	0.198	0.050	0.081
	0.4	0.607	0.809	0.368	0.654	0.135	0.448	0.050	0.314

希少アリルが消失しても影響が小さいからである．表 1 と表 2 でもそのような傾向が見てとれる．ヘテロ接合体率は希少アリルの消失には保守的であることに注意が必要である．

ハーディ・ワインベルグ（HW）平衡は，すべての標本の遺伝子座で認められたが，すべての標本をまとめた場合でも HW 平衡が成り立っており（$p=0.1713$），いくつもの任意交配集団からなる 1 つの大きなジーンプールの存在が示唆される．なお，マダイでは水槽内で親魚が自然産卵・受精した卵を用いて種苗を生産している．放流魚の HW 平衡検定は，水槽内の自然産卵が任意交配になっていることを示しているが，P 値が $p=0.070$ と天然集団に比べて小さいのは，飼育している親魚の有効集団サイズは小さいためであろう．

同標本 329 個体については，ミトコンドリア DNA（mtDNA）調節領域の塩基配列も調べた（Hamasaki *et al.*, 2010）．196 個と多様なハプロタイプが得られたことは，マダイの集団サイズが大きいことを示している．ハプロタイプ数を標本数で補正したハプロタイプリッチネスは，湾奥の天然魚と放流魚で有意に小さい．ハプロタイプ多様度，塩基多様度も同様の傾向を示し（表 2），放流魚と湾

内の天然魚で遺伝的多様性が低下したことが明らかになった．放流魚のハプロタイプは8つしかなく，親魚水槽内のメスが少ないことがわかる．

放流魚の遺伝的混合率は，湾奥で $0.390±0.738$，湾央で $0.087±1.369$ と推定されている．これは，湾奥で放流魚が30年以上にわたって繁殖に参加した結果，4割程度は放流魚の遺伝子に入れ替わっていることを示している．これは，湾奥での平均混獲率 $41.2±26.8\%$ と一致している．放流魚と同じハプロタイプをもつ個体は1個体を除き，すべて湾内で見つかっており，放流魚の遺伝的影響は湾内に止まっていることもわかった．

ニシン 2003年から2007年にかけて，産卵期に成熟した天然魚と放流魚の標本を収集し，遺伝的特性を調査した．放流魚は耳石標識により確認した．放流海域からは，厚岸湾・厚岸湖，石狩湾，宮古湾および松島湾の標本を，放流未実施海域として北海道湧洞沼，サロマ湖，能取湖，石狩湾，噴火湾，青森県尾駮沼，島根県隠岐の天然魚を収集し，Cha17，Cha20，Cha63，Cha113，Cha123 のマイクロサテライト5遺伝子座で合計 2,712 尾の遺伝子型を決定した（Sugaya et al., 2008；根本ら 2008）．ここでは，これら2つの論文の標本をまとめて再解析した．

隠岐の標本はアリル数が北海道と同程度に多く，ここでは北海道から回遊してきた群として扱う．アリル数は北海道で多く本州で有意に少ない（$p=0.0019$）．道内では均一であったが（$p=0.2659$），本州内では（$p=0.0480$）で宮古湾・松島湾が幾分少ない傾向を反映していた（Kruskal-Wallis 順位和検定）．アリルリッチネスでは，北海道で多く本州で有意に少ないが（$p=0.0083$），道内（$p=0.5784$）および本州内（$p=0.5828$）では均一であった．ヘテロ接合体率は総じて高く，北海道と本州では差はなかった（$p=0.2255$）（表4）．親魚を毎年交換する場合，親の数が200以上で放流年数20年の場合，稀少アリルの消失確率は放流魚の貢献率 0.3 の場合でもほぼ0である（表3）．これにより，本州でのアリル数減少には種苗放流は影響していないことがわかる（Kitada et al., 2009）．本州のニシンのアリル数が北海道に比べて少ないのは，本州の集団が南限にあるため個体数が縮小していることによる．

HW平衡は，宮古の Cha17，湧洞沼，サロマ湖，能取湖と宮古放流魚の Cha113，

表4 ニシン標本のマイクロサテライト5遺伝子座における遺伝的多様性.
標本数（n），アリル数（NA），アリルリッチネス（AR），ヘテロ接合体率の観測値（H_o），ハーディワインベルグ平衡検定のp値．（ ）は遺伝子座をわたる標準偏差

	n	NA	AR	H_o	HW-p
厚岸	403	26.2 (9.23)	20.5 (6.04)	0.874 (0.046)	0.570
厚岸放流魚	93	21.2 (6.72)	21.1 (6.67)	0.884 (0.033)	0.493
湧洞沼	397	28.8 (10.38)	22.9 (8.47)	0.872 (0.069)	0.017*
サロマ湖	145	24.0 (9.67)	21.8 (8.50)	0.876 (0.073)	0.084
能取湖	148	26.6 (10.04)	23.7 (8.84)	0.888 (0.038)	0.216
噴火湾	463	32.6 (8.56)	25.1 (7.62)	0.909 (0.032)	0.160
石狩湾	142	20.8 (6.18)	18.9 (5.86)	0.825 (0.080)	0.009*
尾駮沼	108	17.0 (5.05)	16.4 (4.76)	0.867 (0.071)	0.168
宮古湾	408	18.2 (6.22)	13.8 (3.58)	0.809 (0.076)	0.030*
宮古放流魚	91	12.4 (3.36)	12.4 (3.36)	0.828 (0.080)	0.004*
松島湾	150	13.8 (4.09)	12.5 (3.16)	0.817 (0.064)	0.656
隠岐	164	28.4 (10.81)	25.8 (9.80)	0.887 (0.039)	0.290

＊HW平衡から逸脱（$p<0.05$）

噴火湾のCha123を除き，全ての標本の遺伝子座で認められた．湧洞沼，石狩湾，宮古湾，宮古放流魚がHW平衡から外れているのは上の一部の遺伝子座でHW平衡から外れているためである．すべての標本をまとめた場合はHW平衡から外れ（$p=0.0000$），それぞれが独立した任意交配集団から成るメタ集団の存在が示唆された．なお，厚岸および宮古栽培漁業センターで実施しているニシンの人工授精は任意交配になっている．

ホタテガイ Nagashima et al.（2005）は，1980年代と1990年代にかけて採集した北海道と青森県陸奥湾の養殖ホタテガイ914個体についてmtDNAのNcR2領域の塩基配列を読み，103個のハプロタイプを得た．ホタテガイの遺伝的多様性は高い．標本採集地（個体数）は，サロマ湖（108），猿払（168），羅臼（52），標津（48），野付（99），礼文華（49），室蘭（93），森（47），小平（46），羽幌（44），陸奥湾（75）である．サロマ湖（1980および1998年に採集），猿払（81，98年），森（84，99年），陸奥湾（81，98年）では，1980年初め（白抜き）と1990年代の終わり（グレー）に標本がとられている（図4A）．これらの年代間のハプロタイプ頻度とハプロタイプ多様度に差がなかったことから，著者らは，この間の養殖による遺伝的多様性への有意な影響はなかっ

たとしている．養殖種苗も天然採苗であるので（Nagashima *et al.*, 2005），ここで推定された遺伝的特性は天然貝の遺伝的特性をあらわしている．

シロザケ Sato *et al.*（2001）は，1996年から1999年に北海道6河川，本州

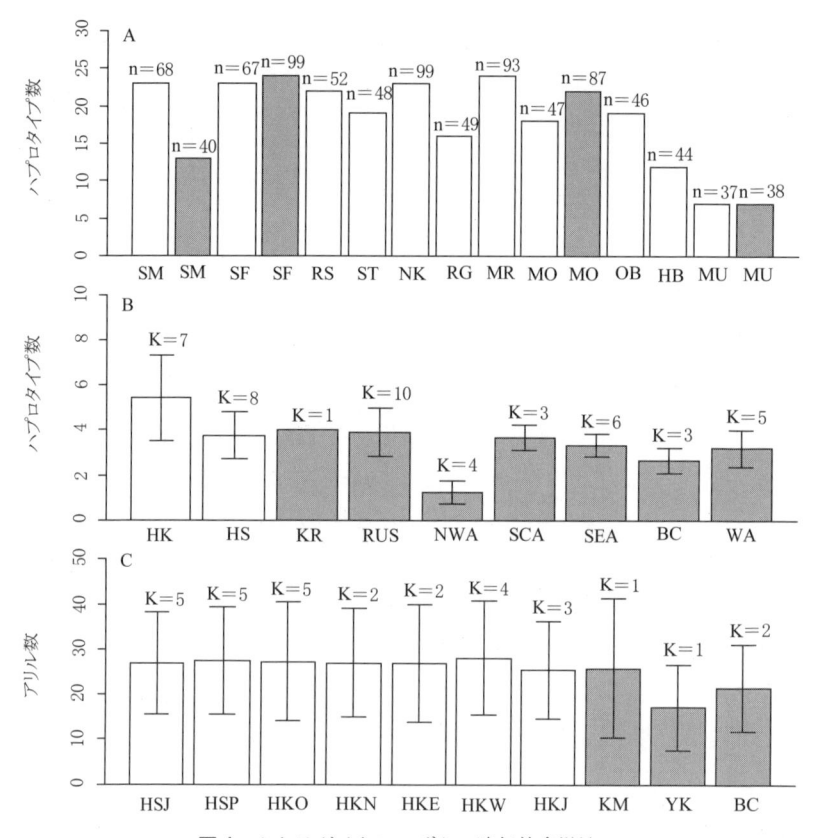

図4 ホタテガイとシロザケの遺伝的多様性．
A ホタテガイ(mtDNA, NcR2領域のハプロタイプ数, n =914, Nagashima *et al.* 2005), SM（サロマ湖），SF（猿払），RS（羅臼），ST（標津），NK（野付），RG（礼文華），MR（室蘭），MO（森），OB（小平），HB（羽幌），MU（陸奥湾）．B シロザケ(mtDNA調節領域のハプロタイプ数±SD, n =2, 154, Sato *et al.* 2001, 2004), HK（北海道），HS（本州），KR（韓国），RUS（ロシア），NWA（北西アラスカ＋アラスカ半島），SCA（南中アラスカ），SEA（南東アラスカ），BC（ブリティッシュコロンビア）．WA（ワシントン）．C シロザケ(マイクロサテライト14遺伝子座のアリル数±SD, n =3, 602, Beacham *et al.* 2008), HSJ（本州日本海），HSP（本州太平洋），HKO（北海道オホーツク），HKN（北海道根室海峡），HKE（北海道太平洋東），HKW（北海道太平洋西）HKJ（北海道日本海），KM（カムチャッカ），YK（ユーコン川），BC（ブリティッシュコロンビア）．Kは調査河川数．

5河川に回帰した537尾について，mtDNAの調節領域の塩基配列を解析した．標本採集河川（個体数）は，千歳川（51），徳志別川（51），常呂川（早期49，44），西別川（41），十勝川（46），遊楽部川（40），津軽石川（44），大槌川（49），小泉川（47），川袋川（30），月光川（45）である．12のハプロタイプが得られた．各河川のハプロタイプ数は，2-7とマダイやホタテガイと比べて著しく少ない．また，メジャーなハプロタイプは3つで，他のものは希少で集団に特異なものとなっている．Sato et al.（2004）は，上の標本を含め，日本16河川，韓国1，ロシア10，北アメリカ21の計48河川から2,154個体を同様に分析し，30のハプロタイプを得た．kは河川数で，海外の標本はグレーで示してある．各地域での平均ハプロタイプ数は1.25-5.4で，日本，特に北海道の多様性が一番高い．これは，海外の集団ではメジャーなハプロタイプが1つまたは2つにまで減少しているからで，希少ハプロタイプの消失度合いが日本より大きい（図4B）．

日本のシロザケの種苗生産では多くの親魚が用いられる．代表的な河川における2003-2010年の平均回帰数（捕獲数）と使用親魚数は，常呂川で124,380および15,408尾，徳志別川131,661および19,545尾，石狩川194,166および35,697尾，西別川63,108および36,699尾，十勝川338,498および84,541尾，遊楽部川60,135および20,396尾である（社団法人 北海道さけ・ます増殖事業協会資料）．Kitada et al.（2009）と同様の方法で，放流魚が回帰親魚に占める割合すなわちrを100％として，放流後年数を80年から200年まで，親の使用尾数を5,000から80,000尾の範囲で希少ハプロタイプの消失確率を計算した（表5）．北海道ではこれまで100年以上にわたって人工種苗が放流されているが，親魚数20,000尾でも5％以下の確率で，30,000尾では消失確率は驚くほど小さい．親魚数が50,000尾以上では，消失確率は0である．シロザケの希少ハプロタイプの消失は放流が原因ではないことが強く示唆される．マイクロサテライトのアリル数は多様性が保存されていることや，海外の河川でも同様に希少ハプロタイプが消失していることから，希少ハプロタイプの消失は母川に回帰してペア産卵するシロザケの生活史に関係しているように思われる．

Beacham et al.（2008）は，1988年から2005年に日本の26河川（北海道16河川，本州10河川），西カムチャッカ1河川，北アメリカ3河川から採られた

標本3,602個体を用いて，マイクロサテライト14遺伝子座において遺伝子型を調べた．ミトコンドリアとは異なり，フッド川のスチールヘッド（図2B）と同様，核ではアリル数は多く多様性に富んでいる（図4C）．

表5 シロザケの希少ハプロタイプまたは希少アリル（頻度0.01）が放流対象集団から消失する確率（1,000回のシミュレーション）．放流魚が回帰親魚に占める割合は100%として計算

放流年数	親魚数(毎年回帰した親を使用)						
	5,000	10,000	20,000	30,000	50,000	60,000	80,000
80	0.283	0.097	0.004	0.007	0	0	0
100	0.380	0.130	0.018	0.005	0	0	0
120	0.445	0.187	0.046	0.009	0	0	0
150	0.521	0.272	0.076	0.024	0.001	0.002	0
200	0.595	0.359	0.134	0.048	0.007	0.003	0

（3）集団構造への影響

ここでは，種苗放流が集団構造に影響を与えたかどうかを2つの集団間のペアワイズ F_{ST}（固定指数）で評価する．海産魚や鳥類など遺伝子流動の大きな（F_{ST} が小さい）種類では，F_{ST} は偏りが大きいため，これを克服する経験ベイズ法によるペアワイズ F_{ST} の推定法を用いる（Kitada et al., 2007；北田ら 2008）．経験ベイズ法では，先ず集団全体にわたるグローバル F_{ST} を最尤推定する．集団数が12と比較的多く，遺伝子座も5つあり，1カ所あたりの標本個体数が100程度を超えているニシン以外については，偏りを補正するため，グローバル F_{ST} の推定に積分尤度法（Kitakado et al., 2006）を用いた．

グローバル F_{ST} は，マダイが0.0041±00010，ニシン0.0171±0.0009，ホタテガイ0.0091±0.0026，シロザケ0.1653±0.0545で，最も遺伝的分化が小さいマダイを1とすると，ホタテガイは2.2倍，ニシン4.1倍，シロザケは40.3倍でシロザケの分化の大きさが際だっている．図5は，2つの集団間のペアワイズ F_{ST} の事後平均を多次元尺度法で同じスケールで図示したものであり，種による遺伝的分化の違いを視覚的に把握できる．このような集団構造は，種の生態に加え，環境変化や漁獲の選択圧によってもたらされた進化圧によるものである（Heino

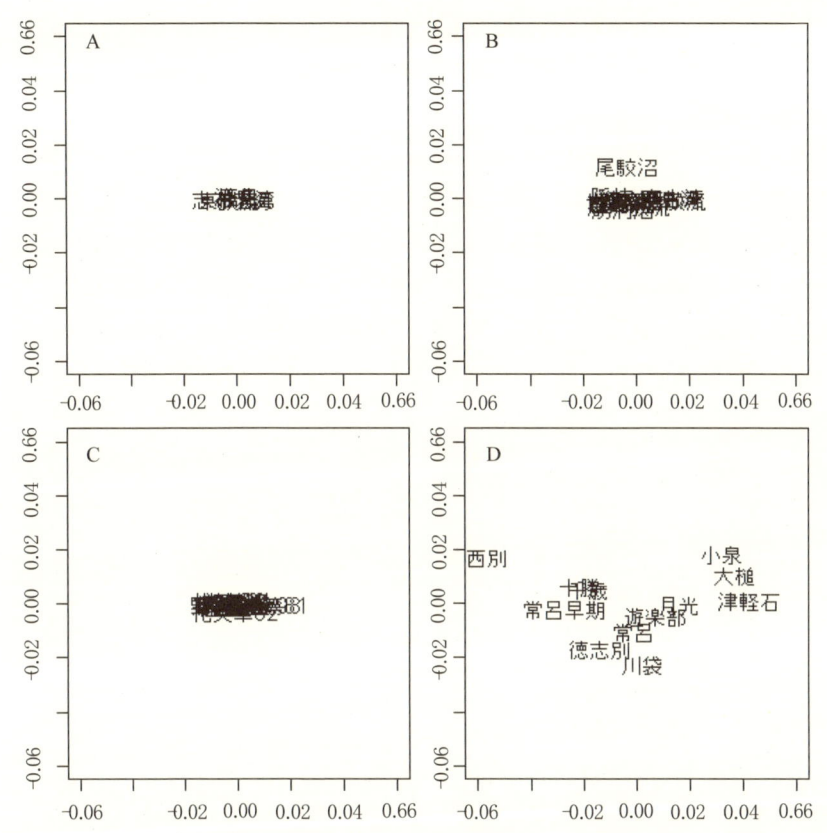

図5 種による遺伝的分化の特徴．ペアワイズ F_{ST} 経験ベイズ推定値に基づく多次元尺度プロット（スケールは統一されている）．場所のリストは図6を参照されたい．
A. マダイ，B. ニシン，C. ホタテガイ，D. シロザケ

and Godø, 2002；Allendorf et al., 2008)．したがって，種苗放流のインパクトが環境変化や漁獲の選択圧を超える場合に，集団構造はその影響を受けて変化することになる．図5の集団構造を詳しく見るためデンドログラムを描いた（図6）．

マダイ 湾外の東シナ海と志布志湾がまとまり，湾央はこれらに近いが，放流魚と湾奥は別のグループを構成する（図6A）．西日本周辺のマダイは遺伝的に均一な大きな集団であり（Taniguchi and Sugama, 1990；Perez-Enriquez et al., 2001)，志布志湾や東シナ海では放流強度が小さい．したがって，これら湾外海

域では放流開始前からアリル頻度は大きく変化していないと仮定することは許されるだろう。図 6A から，湾奥と湾央では種苗放流によって集団構造が変化したことがわかる．

ところで，2000 年から 2003 年の平均鼻腔隔皮欠損率は 80.3±25.4%と大きいが，湾奥や湾央の標本に鼻腔隔皮が正常の放流魚が含まれていた場合は，ここで推定された遺伝的影響は過大推定となる．それでも湾奥と湾外の遺伝的分化は F_{ST} でみて 0.0024 程度と極めて小さい．湾外からの親の来遊が，長年にわたる大量放流の遺伝的影響を緩和して，集団構造への影響が小さくとどまっていると考えられる（図 5A）．

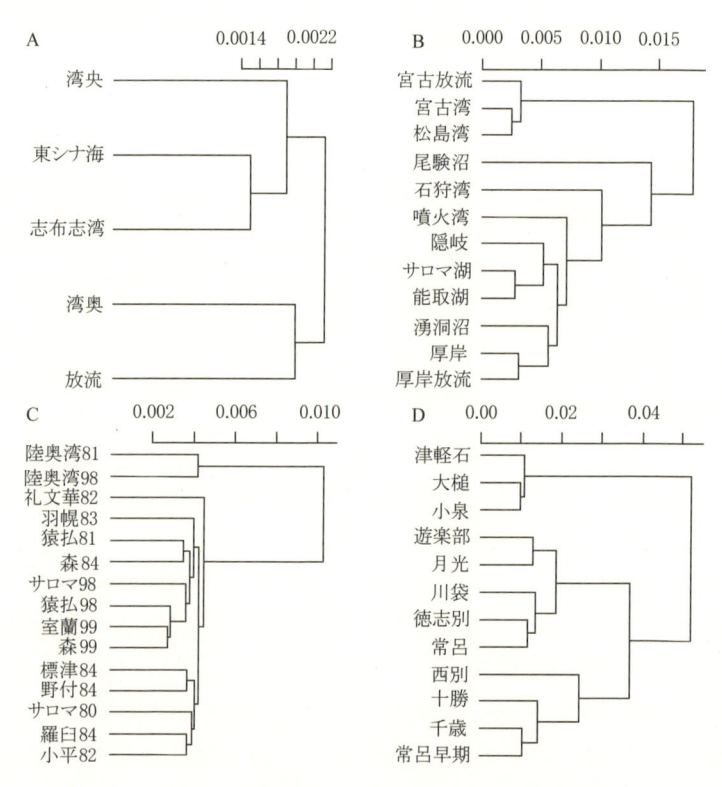

図 6 ペアワイズ F_{ST} 経験ベイズ推定値に基づく集団構造．
A. マダイ，B. ニシン，C. ホタテガイ，D. シロザケ

ニシン 放流魚と天然魚との差異[95％ベイズ信用区間]については，厚岸 0.0032[0.0022, 0.0045]，宮古 0.0035[0.0022, 0.0051]と同程度で，遺伝的多様性に関して種苗生産技術が同様の水準にあることがわかる．放流魚と天然魚との差異は，隣接する集団間の遺伝的差異より小さい範囲にとどまっており，集団構造への影響は見られない．日本のニシンは，青森県の尾鮫沼を境として，北海道と本州で遺伝的に大きく異なっている（図 6B）．これは，上で述べたように，南限の本州集団では多様性が縮小していることによる．

ホタテガイ 陸奥湾が北海道と異なるが，北海道内は地理的分化を残しつつ地域間の混合が示唆される（図 6C）．これは過去に行われた大規模な種苗移殖（西浜 1994）の影響により集団構造が変化したと考えられていること（Nagashima *et al.*, 2005）と一致する．移殖放流が行われる前の状態は不明であるが，ホタテガイ幼生の浮遊期間は 28 日から 56 日間（丸 1985）程度であることから，地域間での交流が大きくもともと遺伝的分化は小さいと考えられる（図 5C）．

シロザケ 本州太平洋は異なったグループを形成しているが，本州日本海の集団は北海道の集団と混ざり合っている（図 6D）．移殖放流が行われる前の状態は不明であるが，過去に大規模な受精卵や稚仔の移殖が行われており（Sato *et al.*, 2001），遺伝的差異の大きい種苗の移殖によって集団構造が変化したと考えるのが妥当であろう．

（4）フィットネスへの影響

マダイ 鹿児島湾では，マダイ放流魚の 1 歳までの回収率（2.6±1.61％）は 1993 年以降一貫して減少している（図 7A）．これには，1994 年と 95 年に湾内で起きたウィルス病や，2000 年以降中間育成（放流までの生簀網での飼育）が中止されたこと，また 2000 年から放流サイズが 7cm から 5.5cm に小型化したこと（宍道・北田 2007）も影響しているかも知れないが，継代してきた親魚集団から生産された人工種苗の回収率低下すなわち生残率低下が示唆される．鹿児島湾のマダイの漁獲量は放流事業開始以降増加したが，放流魚の漁獲量は 1987 年以降の放流尾数の減少に伴って減少傾向にある．一方，天然魚の漁獲量は，ナーサリー（成育場）の埋め立てによって減少した幼魚の環境収容力に制約されて放流開始当時のほぼ 100t 前後で変動している（Kitada and Kishino, 2006, 図 3）．

このように，鹿児島湾のマダイでは，人工種苗の生残率低下が疑われるが，天然集団の生残率や再生産成功度の低下の兆候はみられない．マダイの種苗生産期間は全長 2.5-3cm まで水槽で 50 日，放流サイズの 7cm まで更に海面生簀で 50 日，放流まで 100 日程度である．

　また，前述したように 1974 年から継代しながら同一の親魚群を種苗生産に用いてきた．種苗生産期間は 100 日程度と短いので，おそらく親魚継代の飼育選択が効いていると思われる．放流魚と同様に天然魚の希少アリルが消失している湾内の天然魚の漁獲量が減少していないことから，放流魚の生残率低下は継代親魚

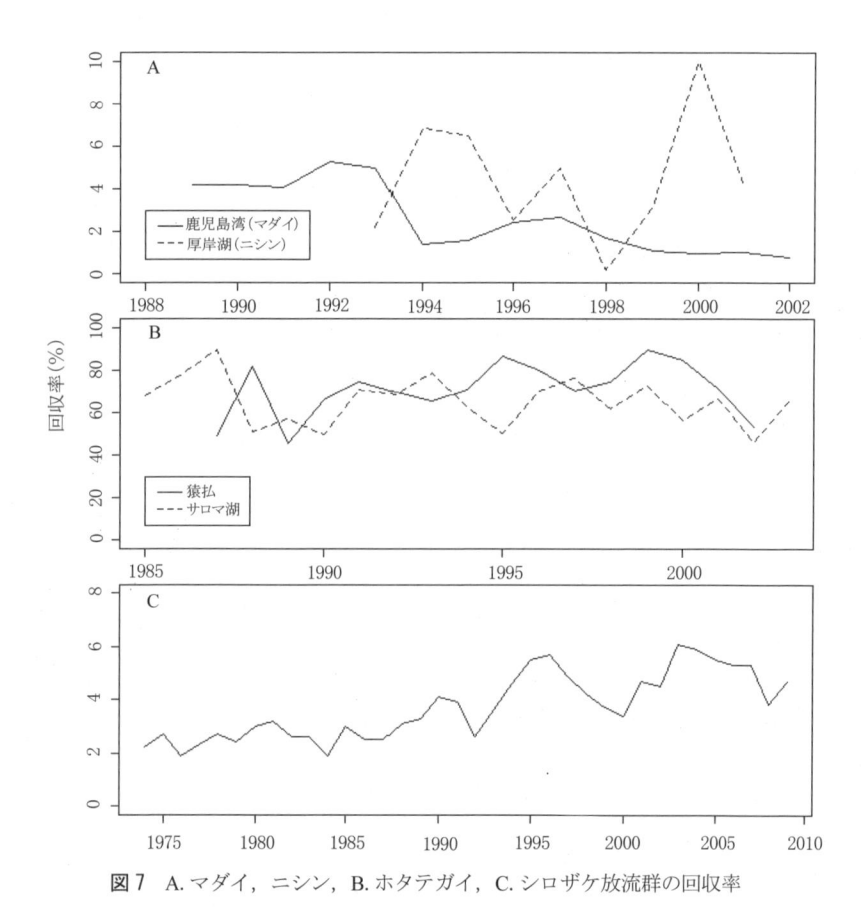

図7　A.マダイ，ニシン，B.ホタテガイ，C.シロザケ放流群の回収率

の飼育選択によるもので，遺伝的多様性の低下とは関係ないことが示唆される．また，この飼育選択の影響は自然選択により取り除かれ次世代の再生産に影響していないことが示唆される．

ニシン 厚岸でのニシン放流魚の2歳までの回収率は，大きく変動しているが（4.5±2.93%，鈴木・福永 2004）（図 7A），低下はみられない．ニシンの種苗生産期間は陸上水槽で 60-70 日，その後海面生簀で 2 週間程度である．また，厚岸でのニシンの漁獲量は変動が大きいものの，2005 年あたりから増加し，2008 年には 405t に急増した（図 3）．この増加は放流効果だけでは説明できないが，漁獲が急増する前の厚岸魚市場での放流魚の混獲率（すなわち資源への貢献率）は 28.9±15.6%であり，放流のインパクトは小さくない．種苗放流が天然資源のフィットネスに深刻な影響を与えていればこのような急増は起こらないであろう．

ホタテガイ 猿払ではホタテガイの漁場を 5 つに，サロマ湖では 4 つに分けて輪採制を行っている．猿払では放流から丸 4 年後に 5 歳貝を，サロマ湖では放流から 3 年後に 4 歳貝を収穫する．そこで，4 年後または 3 年後の殻付きの平均体重を 300g および 400g と仮定して漁獲個体数を計算し，放流数で除して見かけの回収率を推定した（資料：北海道庁水産振興課）．1987 年から 2002 年までの猿払での放流群の回収率は 0.71±0.13，サロマ湖では 1985 年から 2003 年までで 0.65±0.12 と推定された．ホタテガイは 2 歳で成熟するので，収穫には放流貝が再生産した仔も含まれる．したがって，推定された回収率はこれを含んでいる．回収率の変動は，再生産効果の変動と放流貝の生残率の変動から成るが，低下傾向は見られない（図 7B）．ホタテガイの幼生は天然採苗の後，放流まで 1 年間カゴで飼育される．高い回収率と漁獲量の増加傾向（図 3）からみて，この間の飼育は放流集団のフィットネスに影響していないといえるだろう．

シロザケ シロザケの平均回帰年齢を 4 歳と仮定し，1970 年から 2005 年までの放流数と 4 年後の漁獲個体数から単純な回帰率を計算した．平均と SD は，0.037±0.012 となった．北海道での放流数は 1984 年から減少しているが，回帰率は一貫して伸びている．この解析は回帰した年級群をプールしており，各年の放流群の生残率を正確に推定しているわけではない．これついては，河川毎の詳細な解析に俟たねばならないが，北海道ではシロザケの回帰数と回帰率は変動しつつも

増加を続けており，ふ化場生産魚の生残率低下の兆候はみられない．ふ化場での採卵は9月に始まり，放流は4月から5月に行われるが，ふ化から放流までの稚魚の飼育期間は3-4カ月である．この間の飼育は自然環境での生残率に対して影響していないといえる．

4. まとめ

遺伝的多様性 鹿児島湾のマダイの例は，継代飼育した少数の親魚を長年用いるいわゆる traditional hatchery の場合には，人工種苗の稀少アリルやハプロタイプが遺伝的浮動により消失し，その種苗を閉鎖性の強い海域に長年放流し続けた場合には，放流魚が天然魚と交配することにより天然集団の稀少対立遺伝子も消失し得ることを示している．ただ，湾奥集団の多様性が低下しても，漁獲量は減少していないことから，多様性の低下は集団のフィットネスに影響していないことが示唆された．

一方，ニシンのように天然親魚を使用して種苗生産する supplementary hatchery の場合，放流魚の貢献率が20％程度以下であれば，放流を30年続けても稀少対立遺伝子が消失する可能性は極めて小さい．ただ，放流強度が大きく，親の数が少ない場合にはそのリスクは高まる．ホタテガイとシロザケでは，種苗放流に起因する遺伝的多様性の低下は見られなかったが，過去に行われた大量移殖が集団構造を変化させたと推察された．それでも，生残率と漁獲量は増加しており，集団構造の変化が集団のフィットネスを低下させることはなかった．

フィットネス 多くの例から，人工種苗の形態や行動，生残率などの世代内フィットネスは，用いる親魚，種苗生産方法や放流方法によって低下し得ることがわかる．人工種苗の繁殖成功度の低下が報告されているのは，今のところ2 (1) で紹介したようにブラウントラウト2例とスチールヘッド3例のみである．この繁殖成功度の低下は1年以上に及ぶふ化場内での種苗の飼育の影響によると考えられた．ペアで繁殖するサケ科魚類ではメスをめぐる競争が激しく，ふ化場産のオスが天然オスに負けることによって繁殖成功度の低下が起きると思われる．一方，ブラウントラウト，ギンザケ，シロザケでは，ふ化場魚の繁殖成功度が天然魚と遜色ない事例も報告されている．このことは，種苗の質や種によって繁殖

成功度に及ぼす影響が異なる可能性を示唆する．サケ科魚類は生活史の最後にペアで繁殖するが，マダイ，ニシン，ホタテガイは成熟以降は毎年集団で産卵，放精するグループ繁殖である．このような種類では，繁殖行動に対する飼育の影響は表れにくいだろう．また，マダイ人工種苗の生残率低下の傾向が見られたが，これは親魚の飼育選択や種苗生産過程でゆるめられた自然選択が，自然選択によってキャンセルされる（つまり，自然環境への適応度が弱い人工種苗は死亡する）ことを示している．スチールヘッドでは，繁殖成功度の低下が世代をまたぐ carry-over effect も報告されているが，F_2 世代では F_1 世代に比べ回復が見られており，自然選択の効果が窺われる．なお，繁殖成功度の推定の基礎となる親子鑑定法のバイアスが最近報告されていることから，繁殖成功度の評価については今後の研究の動向が注目される．

　天然集団のフィットネスの変化を明らかにした研究はこれまでない．DNA 親子鑑定法によりこれを証明することは，資源量が多く，親子を全個体サンプリングできない多くの海産種の場合，困難が予想される．ここで解析した4つの大量放流事例は経験データの解析であり，親子鑑定のような直接の証拠を与えるものではないが，天然集団のフィットネス低下の兆候はどの事例でも見られなかった．

　種苗放流を行う場合は，多くの天然魚を親に用い，天然魚と生態，行動，遺伝的多様性において遜色ない種苗を生産し，環境収容力に応じた尾数を，生き残りを高めるように放流することにつきる．人口増加が続く下，漁獲による多様性減少と養殖の環境負荷が懸念されている．近い将来，種苗放流が環境と調和可能な資源増殖技術として再び見直されてこよう．将来に備え，種苗放流の負の影響を最小化するための体系的な技術開発研究の推進が必要である．

　最後になってしまったが，貴重な資料やご意見をいただいた北海道庁水産振興課の喜多正広 氏，鹿児島県水産技術開発センターの宍道弘敏 氏，北海道立総合研究機構さけます・内水面水産試験場の宮腰靖之 氏，水産総合研究センター厚岸栽培技術開発センターの村上直人 氏・市川卓 氏，東京海洋大学の浜崎活幸 氏・北門利英 氏，東京大学農学生命科学研究科 岸野洋久 氏・山川卓 氏および共に研究を行った歴代の研究室学生諸氏に感謝申し上げる．

引用文献

Allendorf, F. W., P. R. England, G. Luikart, P. A. Ritchie and N. Ryman 2008. Genetic effects of harvest on wild animal populations. Trends Ecol. Evol. 23：327 - 337.

Araki, H., W. M. Ardren, e. Olsen, B. Cooper and M. S. Blouin 2007a. Reproductive success of captive - bred steelhead trout in the wild：Evaluation of three hatchery programs in the Hood River. Cons. Biol. 21：181 - 190.

Araki, H., B. Cooper and M. S. Blouin 2007b. Genetic effects of captive breeding cause a rapid, cumulative fitness decline in the wild. Science 318：100 - 103.

Araki, H., B. A. Berejikian, M. J. Ford and M. S. Blouin 2008. Fitness of hatchery-reared salmonids in the wild. Evol. Appl. 1：342 - 355.

Araki, H., B. Cooper and M. S. Blouin 2009. Carry-over effect of captive breeding reduces reproductive fitness of wild-born descendants in the wild. Biol. Lett. 5：621 - 624.

荒木仁志 2009. DNA 親子鑑定法を用いた種苗放流魚の自然繁殖力に関する保全遺伝学的考察. 水産育種 39：31 - 35.

Araki, H. and C. Schmid 2010.Is hatchery stocking a help or harm? Evidence, limitations and future directions in ecological and genetic surveys. Aquaculture 308：S2 - S11.

Beacham, T. D., S. Sato, S. Urawa, K. D. Le and M. Wetklo 2008. Population and stock identification of chum salmon *Oncorhynchus* keta from Japan determined by microsatellite DNA variation. Fish. Sci. 74：983 - 994.

Berejikian, B. A., D. M. Van Doornik, J. A. Scheurer and R. Bush 2009. Reproductive behavior and relative reproductive success of natural- and hatchery-origin Hood Canal summer chum salmon (*Oncorhynchus keta*). Can. J. Fish. Aquat. Sci. 66：781 - 789.

Chilcote, M. W., S. A. Leider and J. J. Loch 1986. Differential reproductive success of hatchery and wild summer-run steelhead under natural conditions. Transact. Am. Fish. Soc. 115：726 - 735.

Dannewitz, J., E. Petersson, J. Dahl, T. Prestegaard, A. C. Löf, T. Järvi 2004. Reproductive success of hatchery-produced and wild-born brown trout in an experimental stream. J. Appl. Ecol. 41：355 - 364.

Fleming, L. A. and Gross, M. R. 1993. Reproductive behavior of hatchery and wild coho salmon (*Oncorhynchus kisutch*)：does it differ? Aquaculture 103：101 - 121.

Ford, M. J., H. Fuss, B. Boelts, E. LaHood, J. Hard and J. Miller 2006. Changes in run timing and natural smolt production in a naturally spawning coho salmon (*Oncorhynchus kisutch*) population after 60 years of intensive hatchery supplementation. Can. J. Fish. Aquat. Sci. 63：2343 - 2355.

Ford, M. J. and K. S. Williamson 2010. The aunt and uncle effect revisited-The effect of biased parentage assignment on fitness estimation in a supplemented salmon population. J. Heredity 101 : 33 - 41.

Hamasaki, K. and S. Kitada 2008. The enhancement of abalone stocks : lessons from Japanese case studies. Fish and Fisheries 9 : 243 - 260.

Hamasaki, K., S. Toriya, H. Shishidou, T. Sugaya and S. Kitada 2010. Genetic effects of hatchery fish on wild populations in red sea bream Pagrus *major* (Perciformes, Sparidae) inferred from a partial sequence of mitochondrial DNA. J. Fish Biol. 77 : 2123 - 2136.

Hansen, M. M. 2002. Estimating the long-term effects of stocking domesticated trout into wild brown trout (*Salmo trutta*) populations: an approach using microsatellite analysis of historical and contemporary samples. Molec. Ecol. 11 : 1003 - 1015.

Heino, M. and O. R. Godø 2002. Fisheries-induced selection pressures in the context of sustainable fisheries. Bull. Mar. Sci. 70 : 639 - 656.

帰山雅秀　2008. 生態系をベースとした水産資源増殖のあり方. 北田修一・帰山雅秀・浜崎活幸・谷口順彦 編, 水産資源の増殖と保全, 成山堂書店, 東京, 1 - 21.

北田修一　2001. 栽培漁業と統計モデル分析. 共立出版, 東京, 1 - 335.

北田修一　2008. 種苗放流の遺伝的影響. 北田修一・帰山雅秀・浜崎活幸・谷口順彦 編, 水産資源の増殖と保全, 成山堂書店, 東京, 190 - 213.

Kitada, S. and H. Kishino 2006. Lessons learned from Japanese finfish stock enhancement programs. Fish. Res. 80 : 101 - 112.

Kitada, S., T. Kitakado and H. Kishino 2007. Empirical Bayes inference of and its distribution in the genome. Genetics 177 : 861 - 873.

北田修一・北門利英・岸野洋久　2008. 集団間の遺伝的分化の経験ベイズ推定. 水産育種 38 : 41 - 50.

Kitada, S., H. Shishidou, T. Sugaya, T. Kitakado, K. Hamasaki and H. Kishino 2009. Genetic effects of the long-term stock enhancement programs. Aquaculture 290 : 69 - 79.

Kitakado, T., S. Kitada, H. Kishino and H. J.Skaug 2006. An integrated likelihood approach for estimating genetic differentiation between populations. Genetics 173 : 454 - 460.

Leider, S.A., P.L. Hulett, J.J. Loch, M.J. Chilcote 1990. Electrophoretic comparison of the reproductive success of naturally spawning transplanted and wild steelhead trout through the returning adult stage. Aquaculture 88 : 239 - 252.

McLean, J.E., P. Bentzen, T.P. Quinn 2003. Differential reproductive success of sympatric, naturally spawning hatchery and wild steelhead trout (*Oncorhynchus mykiss*) through the adult stage. Can. J. Fish. Aquat. Sci. 60 : 433 - 440.

McLean, J.E., P. Bentzen, T.P. Quinn 2004. Differential reproductive success of sympatric, naturally spawning hatchery and wild steelhead, *Oncorhynchus mykiss*. Environ. Biol. Fishes 69 : 359 - 369.

丸　邦義　1985. ホタテガイの種苗生産に関する生態学的研究．北水試報 27：1 - 53.
Morán, P., A. M. Pendás, E. Garcia-Vázquez, J. Izquierdo 1991. Failure of a stocking policy of hatchery reared brown trout, *Salmo-Trutta* L., in Asturias, Spain, detected using Ldh - 5* as a genetic marker. J. Fish Biol. 39：117 - 121.
Nagashima, K., M. Sato, K. Kawamata, A. Nakamura and T. Ohta 2005. Genetic structure of Japanese scallop population in Hokkaido, analyzed by mitochondrial haplotype distribution. Mar. Biotech 7：1 - 10.
根本雄太・菅谷琢磨・大河内裕之・北門利英・浜崎活幸・北田修一　2008. マイクロサテライト DNA 変異から推定した日本沿岸における太平洋ニシンの集団構造．水産育種 38：1 - 9.
西浜雄二　1994. オホーツクのホタテ漁業．北大図書刊行会，札幌，1 - 218.
Perez-Enriquez, R., M. Takemura, K. Tabata and N. Taniguchi 2001. Genetic diversity of red sea bream *Pagrus major* in western Japan in relation to stock enhancement. Fish. Sci. 67：71 - 78.
Sato, S, J. Ando, H. Ando, S. Urawa, A. Urano and S. Abe 2001. Genetic variation among Japanese populations of chum salmon inferred from the nucreotide sequences of the mitochondrial DNA control region. Zool. Sci. 18：99 - 106.
Sato, S, H. Kojima, J. Ando, H. Ando, R. L. Wilmot, L. W. Seeb, V. Efremov, LeClair, L., W. Buchholz, D-H. Jin, S. Urawa, M. Kaeriyama, A. Urano and S. Abe 2004. Genetic population structure of chum salmon in the Pacific rim inferred from mitochondrial DNA sequence variation. Env. Biol. Fishes 69：37 - 50.
椎原久幸　1996. 鹿児島湾における放流の成果と問題点．田中　克・松宮義晴 編,マダイの資源培養技術，恒星社厚生閣，東京．106 - 126.
宍道弘敏　2004. 鹿児島湾におけるマダイ Pagrus major の栽培漁業と資源管理に関する研究．東京水産大学博士論文, 116pp.
宍道弘敏・北田修一　2007. 鹿児島湾におけるマダイの種苗放流効果．日水誌 73：270 - 277.
宍道弘敏・北田修一・坂本　崇・浜崎活幸　2008. マイクロサテライト DNA による鹿児島湾のマダイ天然魚と放流魚の遺伝的変異性の評価．日水誌 74：183 - 188.
Sugaya, T., M. Sato, E. Yokoyama, Y. Nemoto, T. Fujita, K. Hamasaki and S. Kitada 2008. Population genetic structure and variability of Pacific herring *Clupea pallasii* in the stocking area along the Pacific coast of northern Japan. Fish. Sci. 74：579 - 588.
鈴木重則・福永恭平　2004. 道東海域における地域性ニシンの放流効果調査．栽培漁業センター技報：95 - 98.
Taniguchi, N. and K. Sugama 1990. Genetic variation and population structure of red sea bream in the coastal waters of Japan and the East China Sea. Nippon Suisan Gakkaishi 56：1069 - 1077.

第6章　農耕地土壌における微生物多様性の評価手法とその利用

豊田剛己
東京農工大学大学院生物システム応用科学府

1. はじめに

　生物多様性に関する人々の関心は高い．生物というと，多くの人が動物や植物を連想するであろうが，土壌の中にも莫大な多様性を有する微生物が存在する．
　微生物と言えば，バクテリア，カビ，原生動物が主要な構成者であるが，これら微生物は土壌に普遍的に存在する．温帯や熱帯の土壌のみならず，砂漠やツンドラ，南極の土にも微生物は生育している．微生物は生きていれば必ず何かを食べ，排出する．これが分解者として知られる最も重要な土壌微生物の機能である．主要な排出物である二酸化炭素は地球温暖化との関係でその排出量の増加が懸念されるが，微生物による有機物分解に伴う二酸化炭素発生がなかったと仮定すると，光合成の重要な基質がなくなってしまうだけでなく，大気圏による温室効果が十分に発揮されず，温暖な地球は氷点下の世界となってしまう．
　数で言うともっと多いバクテリアの場合，わずか1gの土壌に10億～100億もの細胞が生育していることはよく知られているが，何種類の微生物がいるのかを見積もることは容易ではない．1gの土壌に4000種類ものバクテリアの存在が知られるようになったのは20年前にすぎない (Torsvik *et al.*, 1990)．それ以降，土壌DNAを鋳型にPCR増幅した16S rRNAや18S rRNAのクローニング等により，土壌微生物の多様性が明らかになりつつある．
　ここでは，多様性の評価手法について概説し，多様性の意義と農耕地土壌の評

価への適用例について著者らの研究例を交えて紹介する．

2．微生物多様性の評価

(1) 多様性（度）指数

多様性を表現する際，Shannon 指数が用いられることが多い．この多様性という概念の中には，種の数（species richness）と均衡度（均等性，evenness または equability）の二つがある（図1）．ある対象とするサンプルに含まれる種の数が多ければ多いほど多様とする概念（richness が高い）と，それとは別に同じ種の数からなる群集においてもそれらの種がより均等に存在するほど多様と考える（evenness が高い）概念である．Shannon 指数はこの二つの概念を含んでいるため，種の数が多いほど，また種の構成割合が均等なほど大きくなり，大きな値ほど多様性が高いことを意味する．例えば図1に示した同じ種数からなる群集 A と B，もしくは C と D のどちらの多様性が高いのかは，直感的に見て取れる．

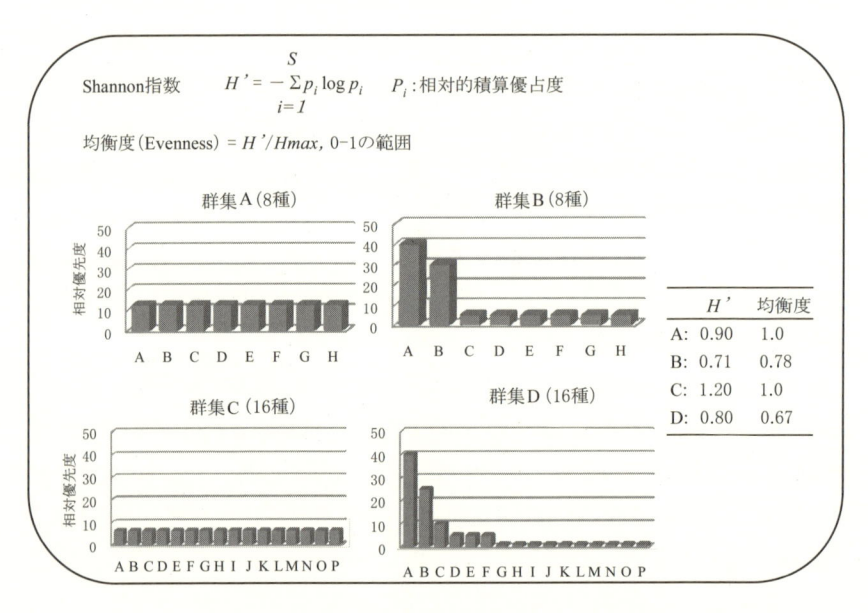

Shannon指数　　$H' = -\sum_{i=1}^{S} p_i \log p_i$　　P_i：相対的積算優占度

均衡度（Evenness）= H'/H_{max}, 0-1の範囲

	H'	均衡度
A:	0.90	1.0
B:	0.71	0.78
C:	1.20	1.0
D:	0.80	0.67

図1　多様性の求め方とモデル生態系の多様性指数

またこれは，Shannon 指数や均衡度の傾向とも一致する．一方，種数が異なる群集 B と D を比較する場合，直感でどちらが高いかを推定するのは困難で，さらに多様性の大小は Shannon 指数と均衡度で異なる．多様性の解釈には注意が必要である．

(2) 微生物の種ないし近縁グループの評価方法

多様性は当該群集を構成する種の数とその種の構成割合から求められるが，微生物の場合，その種をどう評価するのかという大きな問題が立ちはだかる．細菌の場合，DNA-DNA ホモロジーで 70％以上（Johnson, 1973），もしくは 16S rRNA 配列で 97％以上（van Elsas et al., 2007）の相同性を有すると同種と考えることが多いが，これらを実験的に求めるのはそれなりの労力を要し，問題点もある．DNA-DNA ホモロジーを求める場合，染色体 DNA を抽出する必要があるため，培養できる微生物にしか適用できない．環境中の細菌の場合，多くが培養不能とされるため，それらの菌株の染色体 DNA を得ることは不可能である．したがって DNA-DNA ホモロジーから種を特定することは培養可能な一部の菌株に限定されてしまう．最新のテクノロジーを駆使することで，培養できない細菌の全ゲノムを取得できる例が本郷らにより報告されているが（本郷 2010），これはシロアリ腸内に共生するセルロース分解性原生動物の細胞内共生バクテリアの例で，土壌中に普通に生息するバクテリア 1 つ 1 つのゲノムを決められる日は当分の間来ないだろう．

一方，16S rRNA の場合には，培養できない生物であってもその部分の配列を PCR 増幅し，塩基配列を決めることが可能である．そのため，"種"に相当する OTU（operational taxonomic unit，操作上の分類単位，非類似度で 3％が用いられる（Acosta-Martinez et al., 2010））を近縁な配列を有するグループとして設定し OTU の豊富さや各 OTU に属する配列の構成割合から多様性が評価される（van Elsas et al., 2007）．

土壌微生物の多様性解析によく用いられるその他の手法として，変性剤密度勾配電気泳動（Denaturing Gel Gradient Electrophoresis：DGGE）や制限断片長多型（Terminal Restriction Fragment Length Polymorphism Analysis：T-RFLP）がある．DGGE で得られる各バンドや T-RFLP での各末端制限断片を 1

つの種と見なして解析される．異なる種が DGGE ゲル上で同一のバンド位置，あるいは，同一の末端制限断片長を示すことがあるため，厳密に言うと種を分類基準とした多様性評価ではないが，これらは比較的簡便に求めることができるため，微生物の多様性解析に用いられる（須賀・豊田，2005；van Elsas *et al.*, 2007；西澤ら，2010）．論文数から見ると両者は同程度の頻度であり，T-RFLP は正確で感度が高く，しかも一度に多サンプルを解析できるという利点があるのに対し，DGGE ではゲルからバンドを回収して直接同定できるのに加えて，コストが低いという利点がある（大場・岡田，2010）．

　リン脂質脂肪酸（Phospholipid Fatty Acid Analysis：PLFA），キノン分析なども多様性や群集構造の解析手法に用いられる．土壌から脂質画分を抽出した後，キャピラリーガスクロマトグラフあるいは HPLC で個々の脂肪酸あるいはキノン種を同定し，群集の構成者を推定する方法である．異なる種でも同じ脂肪酸種やキノン種を持つことが往々にしてあるため DGGE や T - RFLP に比べると解像度に劣るが，DGGE や T - RFLP には必須で常にバイアスがつきまとう PCR 増幅という操作がないため，土壌中の生物群集をより正確に表現していると考えられる．また，比較的簡便に求めることができるため広く利用されている（例えば Zelles *et al.*, 1992；Katayama and Fujie, 2000）．

（3）微生物群集機能の多様性

　上述の多様性は微生物群集の構成者に特有のバイオマーカーに基づいて評価されるが，微生物群集全体の機能から多様性を求めることもある．95 ヶの異なる基質の資化パターンに基づいて微生物群集機能の多様性を評価する手法を提案した論文（Garland and Mills, 1991）は引用回数 700 回を超える．Community‐level physiological profile（CLPP）と呼ばれるこの方法では，土壌懸濁液を作成しそれを適宜希釈して異なる基質を含むウェルに分注し，基質資化能が評価される．そのため，平板法と同様に培養可能な一部の微生物の機能を評価している可能性が指摘されている．そこで考案されたのが，土壌に直接様々な基質を添加し，その分解活性を二酸化炭素発生量から評価する方法である（Degens and Harris, 1997）．8 種類のアミノ酸，15 種類の有機酸を添加後 4 時間に発生した二酸化炭素量から基質分解活性を求め，分解活性の均衡度（catabolic evenness）から微

生物群集の多様性を評価したところ，牧草地や自然植生の土壌に比べると，穀類や園芸作物を輪作した土壌では多様性が低くなることが見出された．この結果から，土地利用の変化により土壌中の有機炭素が減少すると土壌微生物群集の多様性も低下すると結論された（Degens et al., 2000）．

3. 微生物多様性の意義

微生物多様性の意義は何であろうか？微生物が何らかの活動を行うと様々な機能が生まれる．有機物分解能，それに伴う植物への養分供給能，窒素固定能や脱窒能といった様々な土壌微生物機能が挙げられる（図2）．多様性はこうした機能に対して様々な影響を及ぼすと考えられる．

・有機物分解能(物質代謝)　　土壌肥沃度
・植物への養分供給能　　　　環境クオリティ
・多様な土壌微生物機能の源
　→ 特異微生物(有用微生物群)
　・窒素循環：窒素固定，硝化，脱窒(亜酸化窒素生成)
　・リン溶解(菌根菌)
　・鉄溶解
　・植物生育促進(拮抗微生物)
　・難分解性物質の分解

図2　土壌微生物の機能：生態系機能（Ecosystem functioning, ecosystem services）

土壌微生物が担う機能は生態系機能あるいは生態系サービス（Ecosystem functioning, ecosystem services）に含まれる．生態系サービスという用語は，2010年5月に開かれた国際シンポジウム「日本における里山・里海の生態系サービス評価：生物多様性条約第10回締約国会議（COP10）に向けた地域からの貢献」に用いられるなど，近年注目を集めている．ある一定地域（里山あるいは流域など）の生物・生態系に由来し，人類の利益になる機能（サービス）のことを指し，供給サービス（Provisioning Services），調整サービス（Regulating Services），文化的サービス（Cultural Services），基盤サービス（Supporting Services）の4つからなる（環境省，2009）．

（1）多様性と土壌微生物機能

多様性にはプラスのイメージが先行するが，多様性が機能の点で果たしてどれ

だけ有効なのか，明快に回答することは難しい．生産者や消費者，分解者の種の数を人工的に操作したミクロコズムを使った実験から，生物多様性が高い生態系では一次生産能が高いこと，さらには変動が小さくなることが報告されたが（Naeem and Lim, 1997），その一般性やメカニズムについては不明な点が多く残る．下記に示すように，多様な微生物群集が高い機能を有することが報告されているが，一般的には，生物多様性と生態系機能との間に直接的な関係はないと考えられている（Chapin *et al.*, 2000）．

(2) 多様性と土壌微生物機能の安定性

多様性は保険仮説（Yachi and Loreau, 1999）に基づき，ストレスや攪乱により影響を受ける微生物機能の安定性を高めると考えられている（Brussaard *et al.*, 2007）．多様性と微生物機能の安定性との関係に関する先駆けとなったのはGriffiths ら（2000）の研究例である．彼らは多様性の異なる土壌微生物群集を，燻蒸時間を変えることで人為的に作り機能として残渣分解能を調べた．この研究のポイントは，クロロフォルムによる燻蒸時間を 0〜24 時間と変化させ，その後 1〜2 年間前培養したことである．その結果，燻蒸時間の大小に関わらず，土壌中の微生物数は回復し，いずれの処理間でも数の上では差が認められなくなった．一方，培養可能な細菌群，PCR-DGGE による細菌群集，PLFA，原生動物や線虫の多様性は，燻蒸時間が長かった土壌ほど低くなっていた．こうして作成したモデル土壌を用いて様々な微生物機能が評価された．ストレスがない条件下では，土壌呼吸や植物残渣分解能といった多くの微生物が関与する土壌機能と燻蒸時間，つまり群集の多様性とは明瞭な関係が見られなかった．一方，硝化やメタン酸化といった特定の微生物群が担う土壌機能は多様性の減少とともに低下した．顕著な結果は，熱や銅添加といったストレス条件下では，多様な微生物群集ほど土壌機能をより安定に維持できたことであった．これらの結果を基に，攪乱条件下において微生物機能を研究することは，微生物多様性の効果を評価する有力な方法になると結論づけた．これ以降，後述する様にストレスと微生物機能の安定性について多くの研究が行われるようになった．

最近の研究例では，18 種類の脱窒菌の混合比率を変えることで多様性の異なる群集（ここでは種の数は同じで均衡度のみ異なる）を人工的に作成した実験

(Wittebolle et al., 2009)が興味深い．ストレスのない条件下では脱窒活性で表された微生物機能と多様性には有意な関係は認められなかったが，塩ストレス下では，多様性が高い微生物群集ほど微生物機能の低下度合いが小さくなったという．これらは多様性が高いからといって通常の条件ではメリットはないものの，ストレス下での土壌機能は多様な群集ほど安定になることを実験的に証明したものである．

(3) 食物連鎖の多様性と微生物機能

農耕地土壌にはバクテリアやカビだけでなく原生動物や線虫などの多様な土壌動物も生育している．これら土壌動物を含めた食物連鎖の構造や仕組みもまた土壌微生物機能に影響する．バクテリアとカビからなる分解者網に線虫や原生動物が導入されると，システム全体の無機化窒素量が増え，植物の生産性が上がることが古くより知られる（Brady and Weil, 2008）が，多様な食物連鎖が生態系の安定性や生産性に関係することもわかってきた（Loreau et al., 2002）．

4. 各種ストレスに対する土壌微生物機能の安定性に関する具体例

微生物機能の安定性はストレスへの抵抗性（レジスタンス）とストレスからの

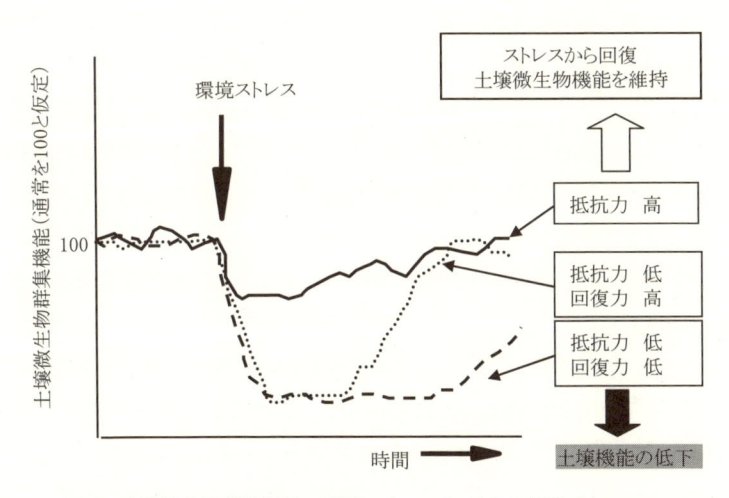

図3 土壌微生物群集機能の環境ストレスに対する応答パターン

回復力（レジリエンス）から評価される（図3）．土壌は常時様々な環境ストレスを受けているので，ストレスの影響が少なく（抵抗力が高い），また，ストレスの影響を受けてもすばやく回復するようであれば（回復力が高い），微生物機能が安定して維持される．一方，抵抗力と回復力が低いと，受けたストレスの影響が持続し，その土壌の本来の機能は損なわれかねない．つまり土壌の質の低下へとつながる．

（1）自然ストレス（風乾－湿潤，凍結融解）の影響

名古屋大学農学部付属農場の化学肥料および牛ふん堆肥(40 t ha^{-1} y^{-1})を連用した土壌（慣行区）は，化学肥料のみを連用した土壌（化肥区）に比べて微生物多様性が高いことがキノン分析により明らかにされている（Katayama *et al.*, 1998）．堆肥を施用すると，土壌の物理性，化学性，生物性の多くの性質が影響を受けるが，一般に堆肥施用で生物多様性が高まると考えられている．

10年間に及ぶ堆肥の連用により，化肥区では8.9 g kg^{-1}であった全炭素含量が慣行区では20.5 g kg^{-1}と2倍以上高く，pHも化肥区の4.3に対して5.5と慣行区で高くなっていた（Toyota and Kuninaga, 2006）．各種微生物性を調べたところ，直接顕鏡法で調べた全細菌数は両土壌間で差がなかったものの，希釈平板法で調べた培養可能な細菌数は慣行区で2〜6倍高くなっていた．95ヶの異なる基質を含むバイオログGNプレートを用いて基質資化能を評価したところ，慣行区で一貫して基質資化能が高いことがわかった（図4）．基質資化能は，26種類の異なるフェノール性化合物の分解能を調べた例についても同様で，化肥区でのみ分解，あるいは化肥区で分解が促進されたフェノール性化合物はなかったのに対し，慣行区でのみ分解された化合物が4種類，慣行区で分解が促進された化合物が8種類存在した（Marwati *et al.*, 2003）．以上から，堆肥を連用した土壌では各種有機化合物の分解能が高まる可能性が示唆された．

ついで，これら多様性の異なる2つの土壌を用いて微生物機能の安定性について評価した（和田ら，2005）．両土壌に風乾-湿潤処理を繰り返したところ，慣行区では微生物バイオマスはほとんど減少しなかったのに対して，化肥区では40％程度バイオマスが減少した．凍結－融解処理を繰り返した場合にも，慣行区ではバイオマスは減少しなかったのに対し，化肥区では30％程度減少した．つい

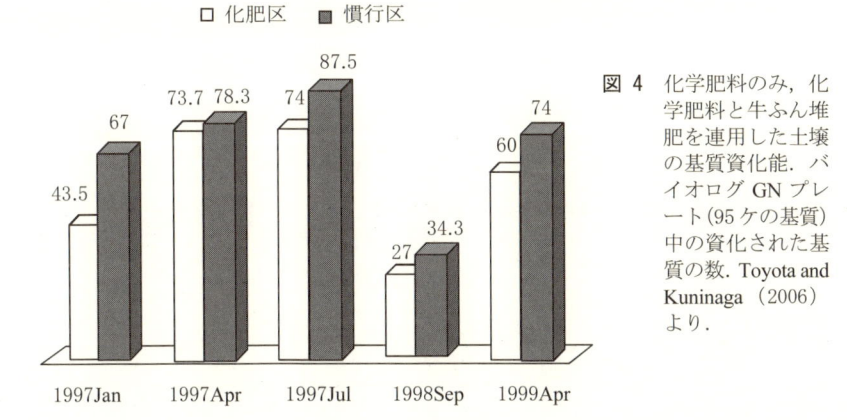

図4 化学肥料のみ，化学肥料と牛ふん堆肥を連用した土壌の基質資化能．バイオログGNプレート(95ケの基質)中の資化された基質の数．Toyota and Kuninaga（2006）より．

　で，微生物機能として基質資化能をバイオログプレートにより評価したところ，両土壌とも風乾直後は基質資化能が顕著に低下した．しかし，その後再湿潤させたところ，化肥区では低下したままであったが，慣行区では元のレベルにまで回復した．また，キチン分解能は慣行区では凍結・融解の影響を受けなかったのに対し，化肥区では30%程度減少した．以上の結果は，有機物を長期にわたって連用した土壌では，微生物多様性が高まるだけでなく，乾燥 - 湿潤，凍結 - 融解といったストレスに対する微生物バイオマスおよび微生物機能の安定性が高まる可能性があることを強く示唆した．

（2）人為的ストレス（燻蒸剤）の影響

　農耕地への最もインパクトの大きいストレスはおそらく非選択性の燻蒸剤である．そこで燻蒸剤（クロルピクリンとカーバムナトリウム塩）を用いて，微生物機能の安定性を評価した（Wada and Toyota，2007）．燻蒸剤の主要な標的である線虫数は両土壌とも燻蒸後にはゼロとなり，燻蒸が適切に行われたことが確認された．硝化菌あるいは硝化活性は農薬を含む様々な環境ストレスに対して感受性が高いと考えられているので，両土壌の硝化菌数を計数したところ，クロルピクリン処理区では，化肥区と慣行区の両方で硝化菌数は検出限界以下となり，12週間の培養期間では回復することはなかった．一方，カーバムナトリウム塩処理区では，化肥区では硝化菌数はゼロとなり，培養期間中回復しなかったのに対

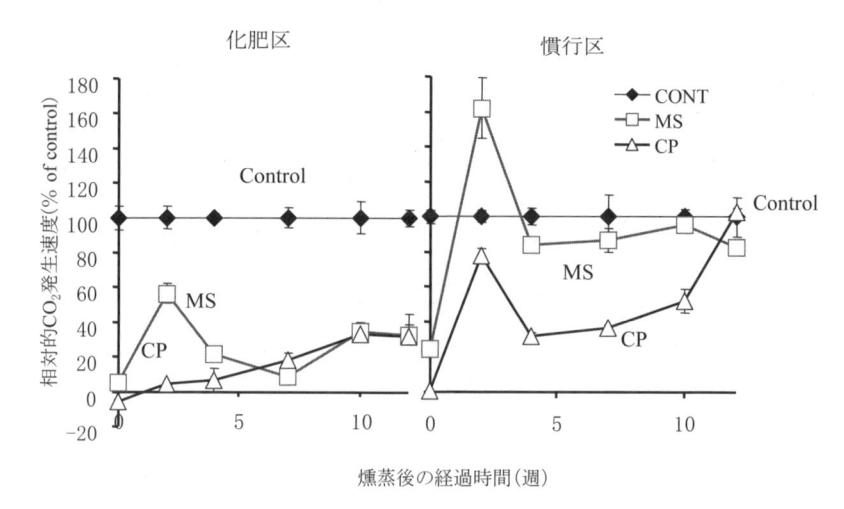

図5 化学肥料連用（化肥区）および有機物連用土壌（慣行区）におけるグルコース分解能の燻蒸剤に対するレジスタンスとレジリエンス．Wada and Toyota（2007）より．
MS：metam sodium，カーバムナトリウム塩（キルパー）　CP：chlorpicrin，クロルピクリン

し，慣行区では2桁程度減少はしたものの，硝化菌は検出され続けた．したがって，同じ燻蒸剤の処理でも有機物を連用した慣行区では硝化菌に対する影響が緩和される可能性が示唆された．ついで，微生物機能として，単純な構造で多くの微生物が分解能を有すると想定されるグルコース，高分子でグルコースに比べると分解能を有する微生物の種類は少ないと想定されるキチンの2つの化合物を用いて分解能を評価した．化肥区，慣行区のいずれにおいても燻蒸剤により両化合物の分解能は50〜100%抑制された（図5，6）．燻蒸直後の土壌において，グルコース分解におもに関与する微生物群集をPCR‐DGGEにより評価したところ（図7），カーバムナトリウム塩処理区では未処理区と同程度のバンド数が検出されたが，クロルピクリン処理区ではバンド数が激減しており，硝化菌の結果と同様，土壌微生物に及ぼすインパクトはクロルピクリン処理の方が大きいことが再確認された．燻蒸後，両化合物の分解能は化肥区では一貫して非燻蒸区に比べ低い値であったため，回復力が低いと推察された．一方，慣行区では徐々に回復し，処理2〜12週間後には見かけ上非燻蒸区と同程度になった．

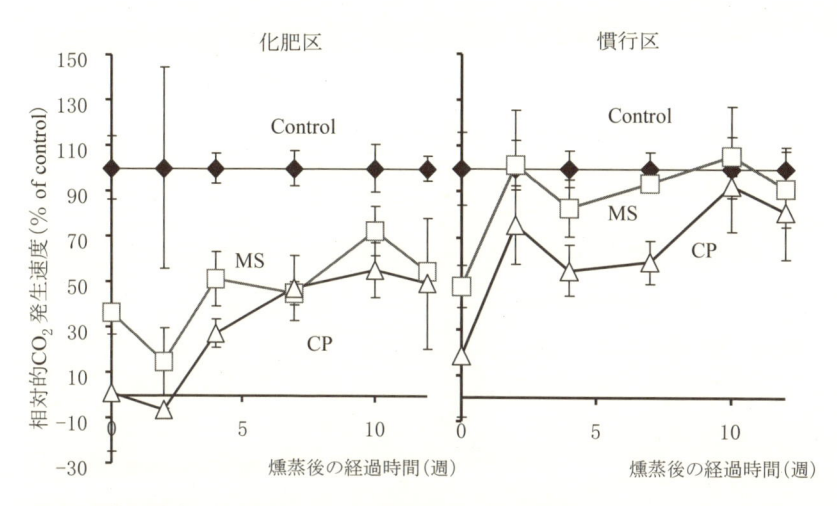

第6章 農耕地土壌における微生物多様性の評価手法とその利用 (123)

図6 化学肥料連用（化肥区）および有機物連用土壌（慣行区）におけるキチン分解能の燻蒸剤に対するレジスタンスとレジリエンス．Wada and Toyota（2007）より．
MS：metam sodium, カーバムナトリウム塩（キルパー） CP：chlorpicrin, クロルピクリン

つまり，両土壌において燻蒸剤というストレスによりグルコースおよびキチン分解能は一時的に低下するものの，化肥区に比べ慣行区ではこれら有機物分解能の回復力が高いことが明らかとなった．燻蒸剤は微生物群集構造にも影響を及ぼしており，燻蒸処理をしていない対照区の土壌でグルコース分解を担う微生物はバクテリアとカビが約半々だったのに対し，燻蒸によりカビの寄与が顕著に低下した（図8）．グルコース分解能の回復が遅かった化肥区では，処理12週間後でもグ

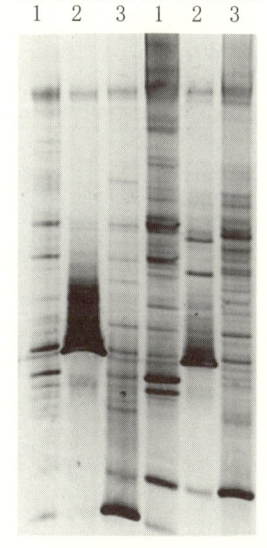

図7 燻蒸剤処理直後の土壌におけるグルコース分解に関与する微生物群集の18S rRNAを標的にしたPCR-DGGE解析（和田・豊田，未発表）

1：コントロール
2：クロルピクリン
3：カーバムナトリウム塩

ルコース分解へのカビの寄与はほとんどなかった．一方，慣行区では処理12週間後にはカビの回復がある程度見られた．したがって，慣行区に比べて化肥区ではストレスからの回復能が低下していた原因として，カビの回復の遅さが考えられた．また，こうした傾向はカーバムナトリウム塩に比べてクロルピクリンで顕著であった．

以上，これらの結果は，各種環境ストレスに対する微生物機能の安定性が有機物施用により高まる可能性を示唆した．

この点を検証するために，その他の有機物連用土壌を供試して同様の実験を行った．前述の名古屋大学農学部付属農場の化肥区および慣行区に加えて，7年間コーヒー粕堆肥を連用した土壌，近畿中国四国農業研究センターから採取した12年間化学肥料，豚ふん堆肥，牛ふん堆肥を連用した土壌，神奈川県農業技術センターから採取した10年間化学肥料，牛ふん堆肥，オカラ・コーヒー粕堆肥を連

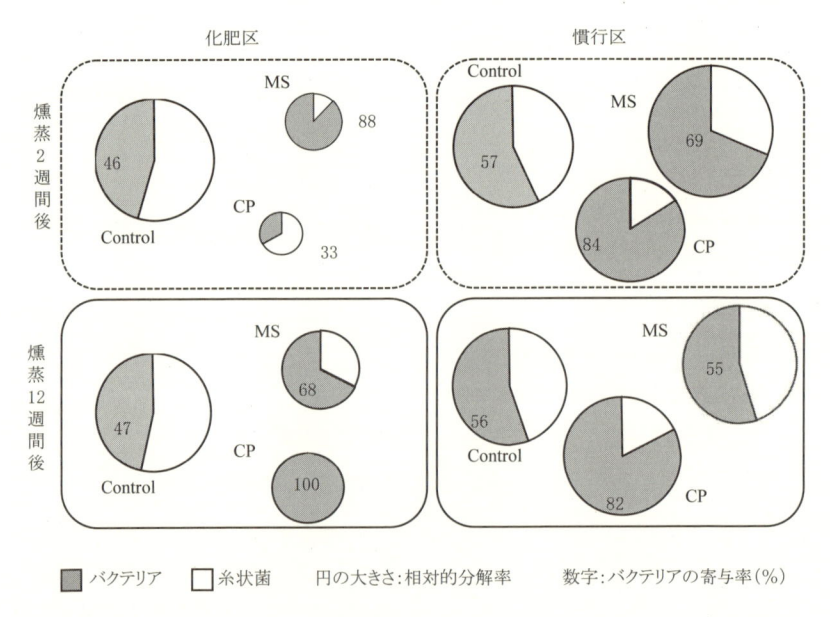

図8 燻蒸後2週間および12週間後の土壌におけるグルコース分解へのバクテリアと糸状菌の寄与．Wada and Toyota（2007）より．

表 1 本研究で使用した堆肥連用土壌

名古屋大学農学部付属農場(黄色土：連用年数17年)	
化肥区	化学肥料
牛糞40区(慣行区*¹)	化肥＋牛糞堆肥(40t/ha/y)
コーヒー40区*²	化肥＋コーヒー粕堆肥(40t/ha/y)
牛糞400区	牛糞堆肥(400t/ha/y)
近畿中国四国農業研究センター(褐色低地土：連用年数12年)	
化肥区	化学肥料
牛糞9,38,113区	化肥＋牛糞堆肥(19,38,113t/ha/y)
豚糞19,57区	化肥＋豚糞堆肥(19,57t/ha/y)
神奈川県農業技術センター(黒ボク土：連用年数10年)	
化肥区	化学肥料
牛糞3区	化肥＋牛糞堆肥(3t/ha/y)
オカコ3区	化肥＋オカラ・コーヒー粕堆肥(3t/ha/y)

*¹ 図4, 5, 6, 7, 8では慣行区と表記
*² この区のみ連用年数7年

用した土壌を用いた(表1)．神奈川県農業技術センターの土壌では，燻蒸剤(カーバムナトリウム塩)がセルロース分解能の安定性に及ぼす影響において，土壌間で全く違いは認められなかった(図9)．これは，どちらの堆肥も年間施用量が3t/haと少なく，土壌に及ぼす影響が小さかったためと考えられた．

一方，名古屋大学農学部付属農場から採取した有機物連用土壌では，牛ふん，コーヒー粕のいずれの堆肥施用でも，燻蒸剤に対する安定性が高まることがわかった．また，近畿中国四国農業研究センターの土壌でも同様で，堆肥連用区，特に施用量の多い処理区において高い安定性が確認された．有機物連用土壌の物理的な特徴を明らかにする一環として，平均団粒直径を測定した(Le Bissonnais et al., 1996)．これは耐水性団粒量の指標でもあり，土壌を水に分散させても壊れない強固に結合した団粒量を測るもので，構造が発達した土壌ほど平均団粒直径は大きくなる．その結果，燻蒸剤に対する安定性が変化しなかった神奈川県の土壌では，化肥区と堆肥連用区との間に差は見られなかったが，名古屋大学および近畿中国四国農業研究センターの土壌では化肥区に

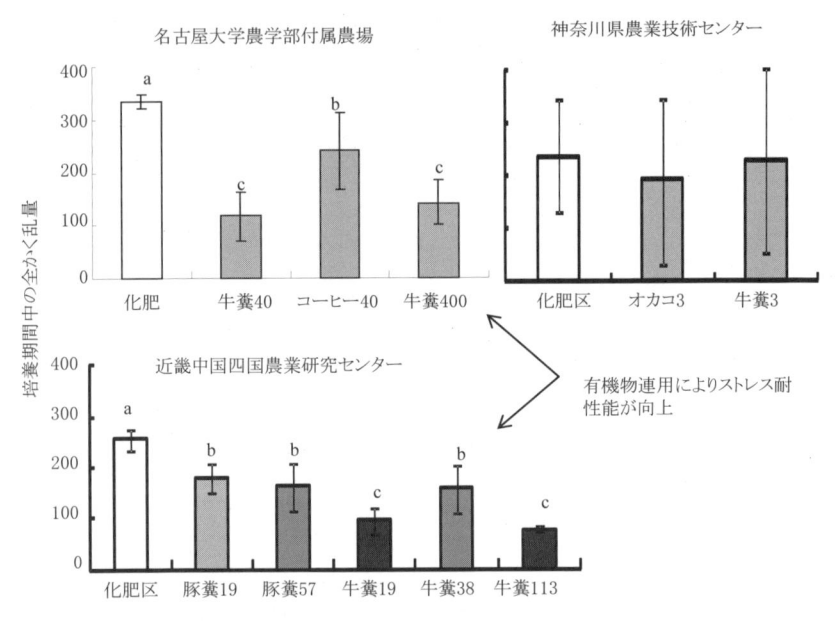

図9 有機物連用土壌のストレス耐性能．下記式に基づき攪乱量を算出．
Fujino *et al.* (2008) より．

全かく乱量 ＝ 0, 1, 2, 3 週間後の燻蒸による減少割合（％）の積算．最小ゼロ，最大400

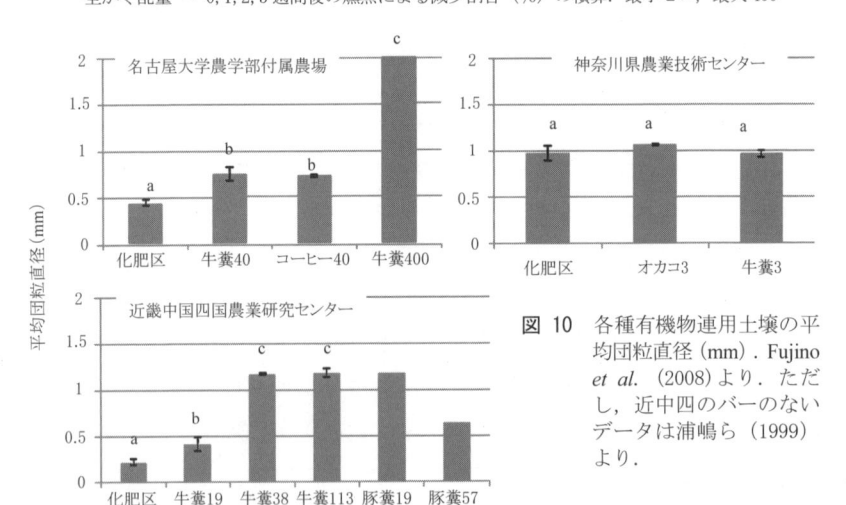

図10 各種有機物連用土壌の平均団粒直径（mm）．Fujino *et al.* (2008) より．ただし，近中四のバーのないデータは浦嶋ら（1999）より．

比べて堆肥連用区でいずれも高くなっていた（図10）．以上から，堆肥を連用することで土壌構造が発達し，このことが燻蒸剤に対する高い安定性と関連している可能性が考えられた．

(3) その他のストレスの影響

基質分解能において均衡度の高い牧草地土壌と均衡度の低い作物連作土壌を用いて，塩類（NaCl），風乾-湿潤，凍結-融解，低pH，銅といった各種ストレス耐性能が評価された（Degens et al., 2001）．その結果，均衡度の高い土壌では各種ストレス後も均衡度は比較的維持されたのに対し，均衡度がもともと低い土壌ではこれらのストレスによりさらに低下する傾向が認められた．土地利用の変化により基質資化能の均衡度が低下すると，微生物群集のストレスに対するレジスタンスも低くなる可能性があると結論された．

土壌炭素含量が1.0%と13.2%の2種類の土壌を用いて，銅およびベンゼンに対するストレス応答を調べた研究例では（Girvan et al., 2005），両土壌のpHは約7と同程度であったが，全菌数は2倍，微生物バイオマスは4倍と後者で高く，PCR-DGGEによる細菌群集の多様性は前者で3.25，後者で3.68と有意に高くなっていた．この土壌に銅あるいはベンゼンを添加したところ，全菌数は銅添加で半減，ベンゼン添加では1/10程度になり，その影響は9週間続いた．多くの微生物が分解できる基質としてコムギ根，一部の微生物しか分解できない基質として2,4-ジクロロフェノール（2,4-DCP）を添加したところ，コムギ根の分解能は銅やベンゼンを添加しても影響を受けなかった．一方，2,4-DCPの分解能は銅添加では影響を受けなかったもの，ベンゼン添加では無添加に比べ約10%まで分解能は低下し，低炭素土壌では9週間後でも影響を受け続けたままであった．ところが，高炭素土壌では4週間後までは2,4-DCP分解能は顕著に抑制されたが，9週間後には無添加と同程度まで回復したことから，ベンゼンに対するストレスからの回復はバクテリアの多様性が高い高炭素土壌で高いことが明らかにされた．土壌の各種性質の影響も関与する可能性は大いにあるが，微生物多様性と微生物機能の安定性との関係をクリアに示した研究例である．

森林と隣接する農耕地との間で微生物機能の熱処理に対する安定性を比較した報告では（Chaer et al., 2009），森林伐採とそれに続く14年間の耕作により，

森林土壌に比べて農耕地土壌では全炭素が1.6%に対して1.0%, pHが5.5に対して5.2, 平均団粒直径が0.88mmに対して0.72mmといったように土壌の諸性質が変化した。それに伴い, 呼吸活性や酵素活性も農耕地土壌で低下していた。さらに, 両土壌におけるFDA活性, ラッカーゼ活性, セルラーゼ活性の熱処理（40〜70℃）に対するレジスタンスとレジリエンスを評価したところ, レジスタンスは大差なく, レジリエンスもより多くの微生物が関与するFDA活性では違いがなかった。ところが, 特定の微生物のみが有する機能であるラッカーゼ活性においては森林土壌でのみレジリエンスが見られ, セルラーゼ活性においても森林土壌で高いリジリエンスが見られた。以上の結果は, 耕作を続けることで, 土壌機能のストレスに対する安定性が低下することを示唆しており, これには耕作により減少した土壌有機炭素が関与すると考えられた。

（4）有機農法と慣行農法

有機農法と慣行農法間の生物多様性の違いに対する関心は非常に高い。これまでにいくつか紹介した, ストレス下では多様性が高いほど機能が安定するという実験結果は, ちまたで言われる"有機農法の冷害軽減効果"を解く鍵になる可能性がある。ごく最近, *Nature*に, 有機農法では慣行農法と比べ天敵生物の多様性が高く, それが高い害虫補食率をもたらしている（Crowder *et al.*, 2010）という記事が掲載された。これは地上部害虫の話しであるが, 地下部の病気にも当てはまるかもしれない。木村秋則さんの著書「リンゴが教えてくれたこと」（日経プレミアシリーズ, 2009）には, "さまざまな雑草が生えていることは土にすごくいいのです。・・省略・・。草にはその草特有のバクテリアが集まります。多種多様のバクテリアが集まると病気が出てきません"という記述が出てくる。まさに*Nature*の記事につながる。

5. 肥培管理と微生物群集構造

（1）化学肥料の連用効果

前述のように, 化学肥料のみの連用に比べ, 堆肥と化学肥料を連用すると微生物多様性だけでなく, 微生物機能の安定性も高まったことから, 有機物を連用することの重要性が確認されている。ところで, 堆肥のみの施用と堆肥と化学肥料

の両方を施用した場合で土壌微生物への影響はどうなのであろうか．20年間無肥料（CK区），化学肥料のみ（N区），堆肥のみ（M区），化学肥料と堆肥（M＋N区）で管理した土壌の微生物性を調べた報告（Shen et al., 2010）では，N区は他の3区に比べ有意にバクテリア数が少なかった．一方，群集構造はM区とM＋N区で大差がなかったものの，いずれもCK区とN区とは異なっていた．N区とM区が異なった原因として20年間の化学肥料の連用によりN区のpHが4.9と低下したのに対し，M区やM＋N区では6.2，5.8と比較的高い値が維持されたためと考えられた．一般に，化学肥料の連用は土壌pHを低下させる．そのため土壌の微生物群集も影響を受けるが，堆肥を併用する事でその影響が緩和されたと考えられ，化学肥料の有無に比べ堆肥の有無の方が微生物群集への影響は大きいと言える．一方，土壌pHがバクテリア群集に及ぼす影響は，88種類の土壌からそれぞれ1500の配列をパイロシークエンスにより決定した論文で詳細に研究された（Lauber et al., 2009）．バクテリア群集は土壌pHと関係があり，pH6.1で多様性が最も高くなり，pH4.5以下で最も低くなることがわかった．化学肥料の連用は土壌pHを低下させるので，それによりバクテリアの多様性低下につながることになる．

（2）有機物施用の効果

これまで述べてきた堆肥施用土壌は，いずれも10年あるいは20年といった比較的長期にわたって連用された圃場である．1年あるいは2年といった短期の堆肥施用効果はどうなのであろうか．堆肥を40t/ha施用しても，初年目，2年目ともに培養可能な細菌数，糸状菌数，バクテリアおよび糸状菌を対象にしたPCR-DGGEのいずれにおいても違いが見られなかった（Sekiguchi et al., 2007）．ところが，緑肥を30t/ha施用した処理区では微生物数および糸状菌の群集構造において差が見られたので，分解が進んだ堆肥の土壌微生物に及ぼす影響は易分解性有機物を多く含む緑肥に比べると小さいことがわかる．堆肥施用が微生物バイオマスや各種酵素活性に及ぼす影響を調べた報告でも（Melero et al., 2007），堆肥施用1年目から土壌の炭素・窒素含量は高まったにもかかわらず，微生物バイオマスやデヒドロゲナーゼ活性，プロテアーゼ活性は変化しておらず，これらの微生物性が高まったのは堆肥施用3年目以降であった．生ゴミ堆肥（2〜5t/ha）

やメタン消化液（Nで100kg/ha，総量は580kg/ha），豚ふん（Nで50kg/ha，総量は560kg/ha），牛ふん（Nで50kg/ha，総量は2.3t/ha）など各種の有機物を4年間繰り返し施用した報告では（Odlare et al., 2008），メタン消化液を除き，年間数tレベル以下の施用量であった他の有機物処理区では無施肥，化学肥料区と比べ，全炭素，全窒素，呼吸活性など多くのパラメーターで全く差が認められなかった．一方，メタン消化液区ではグルコース分解活性や硝化能などで有意な促進効果が認められた．

以上の結果から，堆肥を1‐2回施用したくらいでは，微生物群集に対する効果を実験的に見出すことは困難で，繰り返し施用することではじめて微生物バイオマスや呼吸活性，微生物群集構造といった微生物性への影響を検出することができるといえる．

（3）農薬の繰り返し使用

これまで紹介してきた多くの例は，化学肥料や化学合成農薬を慣行的に使用しており，それらにプラスして堆肥を使用するケースである．堆肥は使用するものの，化学肥料と農薬も併せて使用するケース（慣行）とこれらを全く使用しないケース（有機認証）とを比較した例も少数ながら存在する．無施肥，化学肥料（農薬も併用），慣行（堆肥，化学肥料，農薬の併用），有機（堆肥のみ）の間で微生物群集を比較したスイスの例では（Widmer et al., 2006），微生物バイオマスやT‐RFLPで評価した微生物群集構造において，堆肥施用の有無では明確な違いが見られたものの，堆肥を施用した処理区の間，つまり，化学肥料および農薬添加の有無では違いが見られなかった．直接微生物の餌となる堆肥と比べると，化学肥料や農薬の微生物に及ぼす影響は相対的に小さいと言える．同様の結果は，日本の東北地方の有機農業実践圃場と慣行栽培圃場（化学肥料，農薬に加えて堆肥も施用）との間で微生物群集を比較した例でも見られている．両圃場間で全炭素やpHには有意差がなく，全窒素では若干有機圃場で高い傾向が認められたが，PLFA（浦嶋ら，2009），PCR‐DGGEによる糸状菌群集（Sekiguchi et al., 2008）では両圃場間で違いが見られなかった．前述のNatureの記事のような農法間の違いはこれらの研究では見られていないが，Sekiguchiらの研究では，慣行圃場に特徴的な糸状菌種がいくつか見つかっており，土壌に普遍的に存在する種，有

機物施用により集積しやすい種，化学肥料や農薬により影響を受けやすい種などの情報が蓄積しつつある．

一方，除草剤を20年間連用した土壌でPCR‐DGGEにより各種微生物群集構造を比較した研究（Seghers et al., 2003）では，バクテリア，メタン酸化細菌，アンモニア酸化細菌といった様々な微生物群集において除草剤連用土壌と非連用土壌間で違いが見られている．非選択的な燻蒸剤は土壌中の微生物群集に大きな影響を及ぼすが，直接的には土壌微生物に影響を及ぼさないその他の農薬においても，繰り返し添加することで微生物群集に影響を及ぼす可能性がある．

6. 微生物多様性を高めるには

土壌微生物の多様性は如何にして高められるのか．土壌微生物の多くは従属栄養生物であり，その餌は有機物である．一般に，地力（土壌肥沃度とも言われ，土壌の生産力の指標）の維持・向上のために，農耕地土壌に堆肥や植物残渣を添加することが奨励されるが，それら有機物施用抜きには微生物の増加やその多様性の増加も考えられない．

有機物を添加するとなぜ微生物多様性が高まるのか？微生物に対して多様な餌を供給するためであることはもちろんで，これが，比較的単純な有機物組成である未熟な堆肥より，十分に発酵が進んだ完熟堆肥が好まれる理由である．一方，微生物の住み場所を作り出すという観点も重要である．一般に，有機物含量が高い土壌ほど，土壌構造が発達する（Kuan et al., 2007）．土壌は粘土，シルト，砂と呼ばれる粒径の異なる様々な粒子から構成される．これらの粒子が微生物や有機物の働きで結びつき複雑な団粒構造ができる．土壌構造の発達とはこうした団粒構造がより複雑になることを言い，それにより酸素分圧や水の有効性，養分濃度などが少しずつ異なる微視的環境が生み出される．つまり，有機物施用によって，分類学的あるいは機能的な多様性ではなく，空間的な多様性もまた高くなる．団粒構造が比較的発達した土壌の構造を乳棒・乳鉢を用いて破壊してから燻蒸処理を行ったところ，燻蒸剤に対するレジスタンスとレジリエンスがいずれも低下することがわかった（図11）．したがって，前述の化肥区に比べて慣行区では微生物機能のストレス耐性能が高くなるという現象には，有機物施用に伴う団

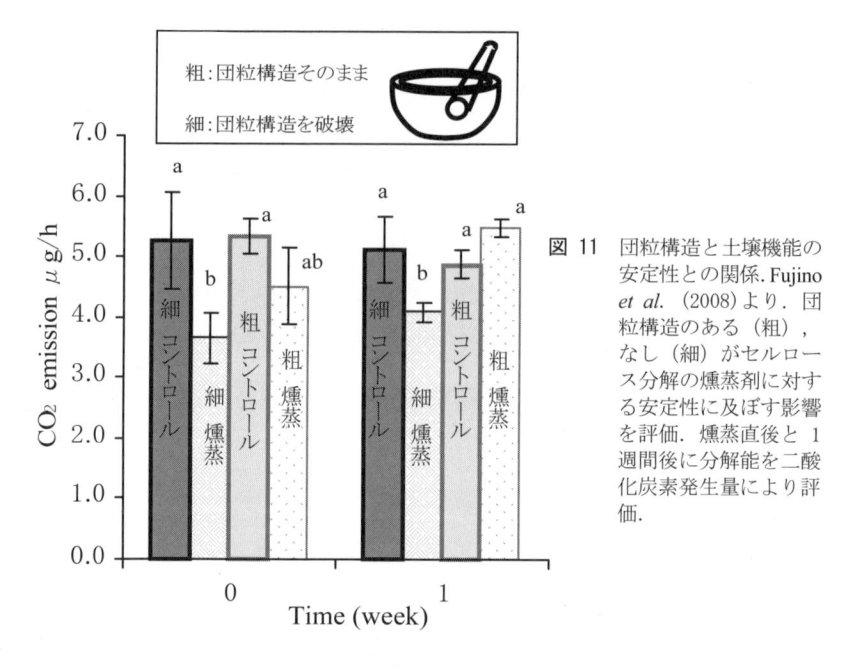

図11 団粒構造と土壌機能の安定性との関係. Fujino et al. (2008)より. 団粒構造のある（粗）, なし（細）がセルロース分解の燻蒸剤に対する安定性に及ぼす影響を評価. 燻蒸直後と1週間後に分解能を二酸化炭素発生量により評価.

粒構造の発達が関与する可能性が示唆される（Fujino et al., 2008）.

土壌微生物に対して多様な住み場所を提供することで, 多様な微生物が育まれ, それが結果として生態系機能を高めていると想像される.

7. 土壌機能のストレス耐性能を高めるには

持続的作物生産に向けて, 土壌機能のストレス耐性能を高めることは重要な課題の1つである. そこで, 各種資材を用いて土壌の団粒化を促進し, 微生物機能のストレス耐性能を高める試みを行った. 木炭やバーミキュライトのような資材を添加しても土壌の団粒化は促進されなかった（図12）. また, 牛ふん堆肥でも1回の施用では顕著な効果が見られなかった. 一方, 同じ牛ふん尿を原料にメタン発酵によりメタンガスを取り除いた後の残渣物（メタン発酵消化液あるいは単に消化液とも呼ばれる）を土壌に施用したところ, 施用1～2ヶ月後の土壌では顕著な団粒化促進効果が認められた. 堆肥に比べ易分解性有機物を多く含む消化液は土壌に施用後, 微生物に速やかに分解され, その結果団粒化が促進されたと

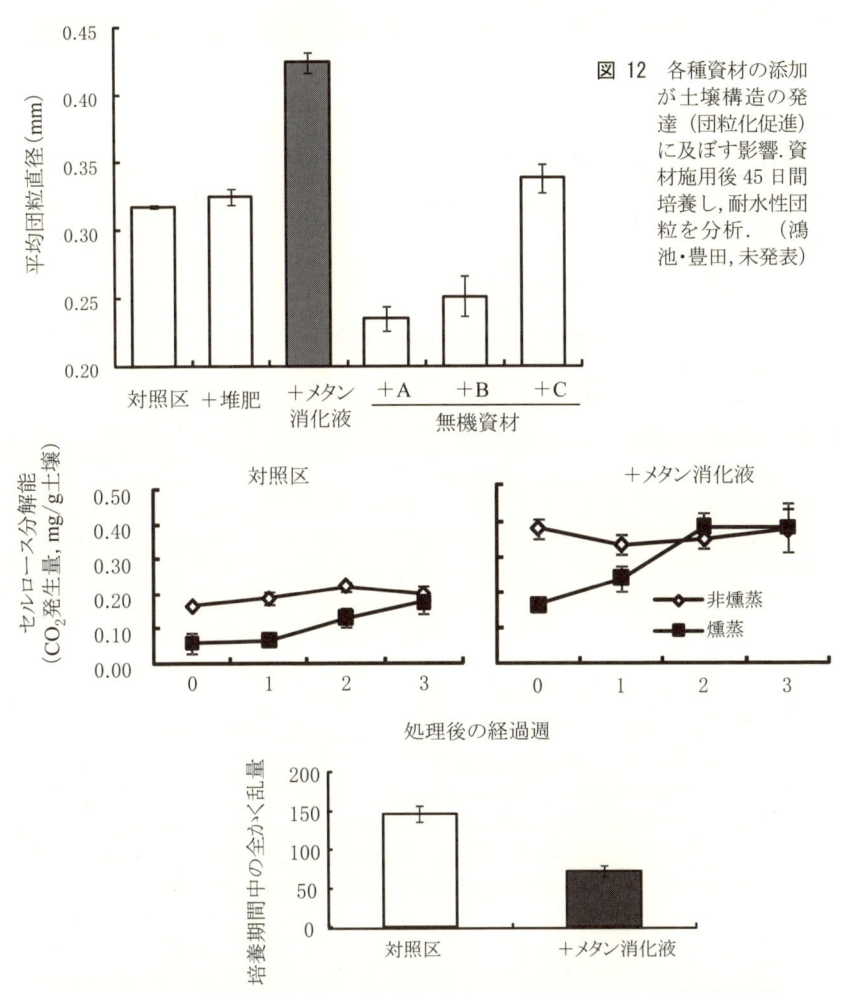

図12 各種資材の添加が土壌構造の発達（団粒化促進）に及ぼす影響．資材施用後45日間培養し，耐水性団粒を分析．（鴻池・豊田，未発表）

図13 メタン消化液添加土壌におけるセルロース分解能のストレス耐性能を評価．資材施用後45日間培養した土壌を燻蒸し，その後経時的にセルロース分解能を評価．（鴻池・豊田，未発表）
全かく乱量 ＝ 0, 1, 2, 3 週間後の燻蒸による減少割合の積算．最小ゼロ，最大400

考えられる．事実，堆肥と比べると消化液施用により微生物バイオマスや微生物数が増加していた．消化液施用1～2ヶ月後の土壌を用いて，土壌のセルロース分解能の燻蒸剤に対するストレス耐性能を評価したところ，消化液の施用により

セルロース分解能そのものが向上するだけでなく，ストレスに対するレジリエンスも高まることがわかった（図 13）．これは，消化液施用で微生物バイオマス，微生物数が高まり，これらがストレス耐性能の改善に関係した可能性も十分に考えられるが，その他の要因として団粒化が促進されたことにより，多様な住み場所が提供されたことがストレス耐性能の向上に関係しているのではないかと考えている．

　未利用あるいは有効利用が進んでいない有機性資源を効率的に土壌に施用し，土壌微生物機能とその安定性を高めることで，持続的作物生産に貢献していくことが重要である．

引用（参考）文献

Acosta-Martinez V., S. E. Dowd, Y. Sun, D. Wester and V. Allen 2010. Pyrosequencing analysis for characterization of soil bacterial populations as affected by an integrated livestock-cotton production system. Applied Soil Ecology 45：13-25.

Brady, N. C. and R. R. Weil 2008. Nature and Properties of Soils. Fourteenth edition, Prentice Hall, 1-975

Brussaard L., P. C. de Ruiter and G. G. Brown 2007. Soil biodiversity for agricultural sustainability. Agriculture Ecosystems and Environment 121：233-244.

Chaer G., M. Fernandes, D. Myrold and P. Bottomley 2009. Comparative resistance and resilience of soil microbial communities and enzyme activities in adjacent native forest and agricultural soils. Microbial Ecology 58：414-424.

Chapin F. S., E. S. Zavaleta, V. T. Eviner, R. L. Naylor, P. M. Vitousek, H. L. Reynolds, D. U. Hooper, S. Lavorel, O. E. Sala, S. E. Hobbie, M. C. Mack and S. Diaz 2000. Consequences of changing biodiversity. Nature 405：34-242.

Crowder D. W., T. D. Northfield, M. R. Strand and W. E. Snyder 2010. Organic agriculture promotes evenness and natural pest control. Nature 466：109-U123.

Degens B. P. and J. A. Harris 1997. Development of a physiological approach to measuring the catabolic diversity of soil microbial communities. Soil Biology and Biochemistry 29：1309-1320.

Degens B. P., L. A. Schipper, G. P. Sparling and L. C. Duncan 2001. Is the microbial community in a soil with reduced catabolic diversity less resistant to stress or disturbance? Soil Biology and Biochemistry 33：1143-1153.

Degens B. P., L. A. Schipper, G. P. Sparling and M. Vojvodic-Vukovic 2000. Decreases in organic C reserves in soils can reduce the catabolic diversity of soil microbial communities. Soil Biology and Biochemistry 32：189-196.

Fujino C., S. Wada, T. Konoike, K. Toyota, Y. Suga and J. Ikeda 2008. Effect of different organic amendments on the resistance and resilience of the organic matter decomposing ability of soil and the role of aggregated soil structure. Soil Science and Plant Nutrition 54：534-542.

Garland J. L. and A. L. Mills 1991. Classification and characterization of heterotrophic microbial communities on the basis of patterns of community-level sole-carbon-source utilization. Applied and Environmental Microbiology 57：2351-2359.

Girvan M. S., C. D. Campbell, K. Killham, J. I. Prosser and L. A. Glover 2005. Bacterial diversity promotes community stability and functional resilience after perturbation. Environmental Microbiology 7：301-313.

Griffiths B. S., K. Ritz, R. D. Bardgett, R. Cook, S. Christensen, F. Ekelund, S. J. Sorensen, E. Baath, J. Bloem, P. C. de Ruiter, J. Dolfing and B. Nicolardot 2000. Ecosystem response of pasture soil communities to fumigation-induced microbial diversity reductions ： an examination of the biodiversity-ecosystem function relationship. Oikos 90：279-294.

本郷裕一 2010. 難培養性細菌種のゲノム完全長配列取得による機能解明. 土と微生物 64：77-80.

Johnson J. L. 1973. Use of nucleic-acid homologies in the taxonomy of anaerobic bacteria. International Journal of Systematic Bacteriology 23：308-315.

環境省「生態系サービス」『絵で見る環境白書・循環型社会白書』平成 19 年版.

Katayama A., H. Y. Hu, M. Nozawa, H. Yamakawa and K. Fujie 1998. Long-term changes in microbial community structure in soils subjected to different fertilizing practices revealed by quinone profile analysis. Soil Science and Plant Nutrition 44：559-569.

Katayama, A. and K. Fujie 2000. Characterization of soil microbiota with quinone profile, In Soil Biochemistry Vol. 10, Ed. by Bollag, J.-M. and G. Stozky, 303-347, Marcel Dekker, Inc. New York

Kuan H. L., P. D. Hallett, B. S. Griffiths, A. S. Gregory, C. W. Watts and A. P. Whitmore 2007. The biological and physical stability and resilience of a selection of Scottish soils to stresses. European Journal of Soil Science 58：811-821.

Lauber C. L., M. Hamady, R. Knight and N. Fierer 2009. Pyrosequencing-based assessment of soil pH as a predictor of soil bacterial community structure at the continental scale. Applied and Environmental Microbiology 75：5111-5120.

LeBissonnais Y. 1996. Aggregate stability and assessment of soil crustability and erodibility .1. Theory and methodology. European Journal of Soil Science 47：425-437.

Loreau, M., S. Naeem and P. Inchausti 2002. Biodiversity and Ecosystem Functioning, Synthesis and Perspective. Oxford University Press, Oxford, 1-294.

Marwati U., K. Funasaka, K. Toyota and A. Katayama 2003. Functional characterization of soil microbial communities based on the utilization pattern of aromatic compounds. Soil Science and Plant Nutrition 49 : 143-147.

Melero S., E. Madejon, J. C. Ruiz and J. F. Herencia 2007. Chemical and biochemical properties of a clay soil under dryland agriculture system as affected by organic fertilization. European Journal of Agronomy 26 : 327-334.

西澤智康・小松崎将一・金子信博・太田寛行 2010. 末端制限断片（T-RFs）プロファイル情報に基づく土壌微生物群集解析，土と微生物 64：33-40.

大場広輔・岡田浩明 2010. T-RFLP 法による土壌生物群集の多様性解析，土と微生物 64：41-48.

Odlare M., M. Pell and K. Svensson 2008. Changes in soil chemical and microbiological properties during 4 years of application of various organic residues. Waste Management 28 : 1246-1253.

Seghers D., K. Verthe, D. Reheul, R. Bulcke, S. D. Siciliano, W. Verstraete and E. M. Top 2003. Effect of long-term herbicide applications on the bacterial community structure and function in an agricultural soil. FEMS Microbiology Ecology 46 : 139-146.

Sekiguchi H., H. Hasegawa, H. Okada, A. Kushida and S. Takenaka 2008. Comparative analysis of environmental variability and fungal community structure in soils between organic and conventional commercial farms of cherry tomato in Japan. Microbes and Environments 23 : 57-65.

Sekiguchi H., A. Kushida and S. Takenaka 2007. Effects of cattle manure and green manure on the microbial community structure in upland soil determined by denaturing gradient gel electrophoresis. Microbes and Environments 22 : 327-335.

Shen J. P., L. M. Zhang, J. F. Guo, J. L. Ray and J. Z. He 2010. Impact of long-term fertilization practices on the abundance and composition of soil bacterial communities in Northeast China. Applied Soil Ecology 46 : 119-124.

須賀有子・豊田剛己 2005. 土壌中の遺伝子・遺伝子情報…何ができるのか，何がわかるのか．5．土壌微生物の群集構造解析（その 1）DGGE，原理と畑土壌への適用．日本土壌肥料学雑誌 76：649-655.

Torsvik V., J. Goksoyr and F. L. Daae 1990. High diversity in DNA of soil bacteria. Applied and Environmental Microbiology 56 : 782-787.

Toyota K. and S. Kuninaga 2006. Comparison of soil microbial community between soils amended with or without farmyard manure. Applied Soil Ecology 33 : 39-48.

浦嶋泰文・中嶋美幸・金田哲・岡田浩明・長谷川浩・村上敏文 2009. 有機農業実践圃場と慣行栽培圃場のリン脂質脂肪酸の実態．土と微生物 63：55-63.

Van Elsas, J.D., J.K. Jansson and J.T. Trevors 2007. Modern Soil Microbiology, 2nd edition. CRC Press, Boca Raton, 1-646.

Yachi S. and M. Loreau 1999. Biodiversity and ecosystem productivity in a fluctuating environment : The insurance hypothesis. Proceedings of the National Academy of Sciences of USA 96 : 1463-1468.

Wada S. and K. Toyota 2007. Repeated applications of farmyard manure enhance resistance and resilience of soil biological functions against soil disinfection. Biology and Fertility of Soils 43：349-356.
和田さと子・豊田剛己・柳井洋介・大橋真理子 2005. 土壌機能と微生物多様性. 土と微生物 59：91-98.
Widmer F., F. Rasche, M. Hartmann and A. Fliessbach 2006. Community structures and substrate utilization of bacteria in soils from organic and conventional fanning systems of the DOK long-term field experiment. Applied Soil Ecology 33：294-307.
Wittebolle L., M. Marzorati, L. Clement, A. Balloi, D. Daffonchio, K. Heylen, P. De Vos, W. Verstraete and N. Boon 2009. Initial community evenness favours functionality under selective stress. Nature 458：623-626.
Zelles L., Q. Y. Bai, T. Beck and F. Beese 1992. Signature fatty-acids in phospholipids and lipopolysaccharides as indicators of microbial biomass and community structure in agricultural soils. Soil Biology and Biochemistry 24：317-323.

第7章
水田地帯の魚類生態系保全と地域活性化

端 憲二
秋田県立大学生物資源科学部フィールド教育研究センター

1. はじめに

　生物多様性の日常の守り手は主にそこに居住する農家であり，非農家がそれに加わる．生物多様性を保全することのみが目的とされてしまうと，地域住民に委ねられた保全活動はいずれ息切れしてしまわないか？豊かな自然の実現とそれに至る保全活動が住民自身に対して幸福（地域の活性化）をもたらすことになれば幸いであり，そのための工夫が望まれる．

　さて，戦後の経済成長期における生産性一辺倒に進められた農業技術は，ある意味でその時代の幸福追求のひとつの姿であったが，生き物に対して冷淡であったと言わざるを得ない．我々，日本人の生命を支えると同時に魚類その他の生き物を育んできた水田農業についても，今日さまざまな課題を抱えている．とりわけ，春になるといっせいに水が配られ，一帯が浅い水面と化すことで多様な生命の再生を繰り返してきた水田かんがいは，流域の水循環駆動装置とも言え，流域の環境に大きな影響を与えてきた．

　本報告では，魚類を対象としてまず最初に水田とのかかわりを論じ，次に水田かんがいシステムが魚類生息に与える影響と課題やその保全策を論じる．最後に，保全に向けて活動するびわ湖畔地域の事例を紹介し，地域活性化を展望する．

2. 魚類と水田のかかわり（端，1998）

（1）魚類の移動から見た水田・水路の位置づけ

　淡水魚は，大きくは河川の上流・中流・下流などの区分に棲み分けている．農業水路にも立地によってこの河川区分に応じた種が生息している．また，河川に出て行かず細流（小さな農業水路）にのみ生息する種もいる．河川の下流域では，コイ・フナ・ナマズのように産卵の時期になると河川から農業水路へ，さらには水田まで遡上するものもいる．この場合，河川と農業水路水田はそれぞれに役割を持っており，両者は互いに補完的関係にあると言ってよい．

　図1は，魚類の移動という視点から農業水路・水田を位置づけた図である．トゲウオ科のイトヨには遡河型と陸封型が存在する．遡河型イトヨは春先に河川を遡上し農業水路まで入り水草で営巣し産卵し，生まれた子供は梅雨時期に海に降河する．水田が産卵場所となっているコイやナマズなどは下流域に生息する．コイ・フナは流れのある水路で産卵可能だが，ナマズは卵に粘着性がなく流れのな

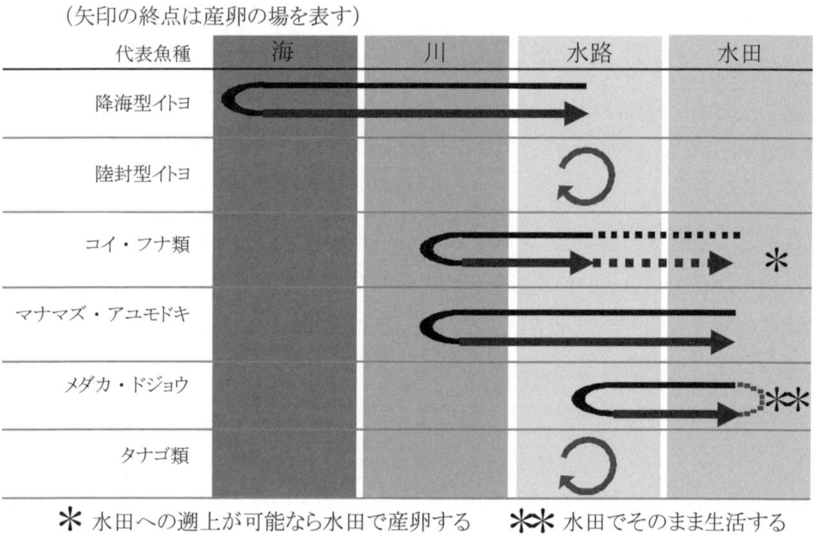

（矢印の終点は産卵の場を表す）

代表魚種	海	川	水路	水田
降海型イトヨ				
陸封型イトヨ				
コイ・フナ類				＊
マナマズ・アユモドキ				
メダカ・ドジョウ				＊＊
タナゴ類				

＊ 水田への遡上が可能なら水田で産卵する　＊＊ 水田でそのまま生活する

図1　魚類の移動と水田・水路の位置づけ

い浅い場所を必要とする．メダカは水田と周辺水路を行き来するが，水田で産卵後もそのまま棲み続ける．

（2）水田・水路の役割

上述の移動という視点から，水田・水路の役割を整理すると下記のように類型化でき，河川と補完関係にあると言える．

類型Ⅰ「ゆりかご」―保育園

普段広い水域に棲むコイ，ナマズなど大型魚は産卵後速やかに元の棲み場所に戻り産まれた子どももやがて本来の棲み場所を求めて広い水域に出て行く．河川下流域に特徴的なコイ・ナマズなどが氾濫原に侵入して産卵するという習性は，氾濫原が水田に置き換わったいまも続いている．

類型Ⅱ「棲み分け」―マイホーム

メダカやドジョウは産卵後もその場所に居続ける．

類型Ⅲ「あそび場」―索餌空間

ウグイ，オイカワなど多数の種は索餌などの目的で水田に侵入する．

3．水田かんがいシステムの課題とネットワークの再生

（1）移動障害の解消

水田かんがいシステムは河川からの取水に始まり，用水路から水田，水田から排水路を経て河川に水を戻す仕組みになっている．この一連の水の流れる過程で下記のとおり魚類の移動を妨げる断点・障害が数多く存在する．

河川からの取水セキ

用水路・排水路内の落差工・セキ

水田と用水路のつなぎ目

水田と排水路の落差

用水路余水吐きと排水路の落差

幹線排水路放流口と河川の落差

（2）水田につける魚道（端，1999）

上記の障害を克服する手段として，例えば河川構造物の頭首工におけるような従来からの比較的規模の大きい魚道の適用に加え，特に水田への遡上を目的とし

た魚道が検討されるようになった（端　1999，鈴木ら　2004）．

本節では，筆者が実施した野外試験の結果を紹介する．

・**試験地の概要**

小さな魚道による魚類遡上の試験は，図2に示すとおり，霞ヶ浦湖畔の休耕田を利用して実施した．霞ヶ浦から引かれた用水路にポンプを設けて試験地奥に流入させ，水質浄化・作物栽培ゾーン・産卵床（図中のA，B，C）を経て，魚道から排水される．なお，図の下方は干拓地である．試作した魚道の俯瞰図を図3に示す．図3に示すとおり，階段式のアイスハーバーを型を水田用に小さく改良したものである．コイやナマズなどの比較的大型魚とともにメダカなどの小型魚遡上可能であること，また，場合によってはポンプによる給水が必要になるが，その場合でもできるだけ少ない水量で魚類を遡上させることが望ましいといった点を考慮して魚道を設計した．各部の寸法は，格段の段差0.1m，全幅0.6mのうち越流部の幅0.3m，プール長0.8m，プール深さ0.3mである．

遡上数の計測方法として光センサーによる検知とビデオモニターによる確認を併用した．

光センサーは，魚道最上段の隔壁の両面に，それぞれ水面に接しない程度のギ

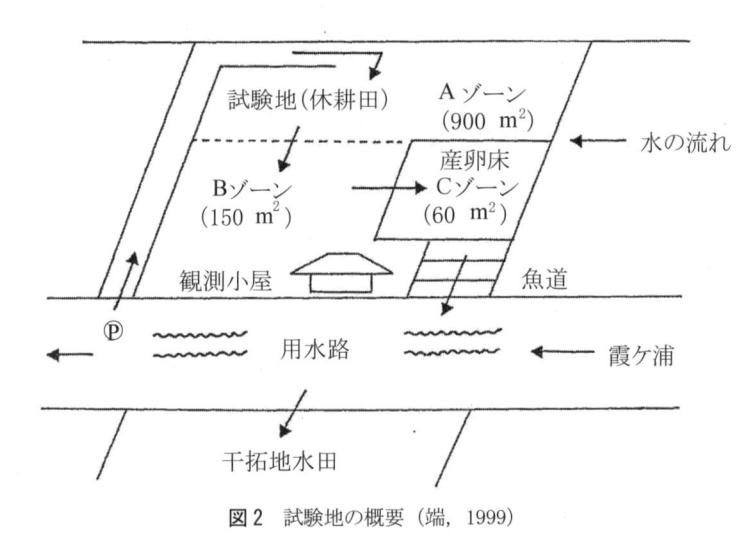

図2　試験地の概要（端，1999）

リギリの位置から上方へ垂直に3カ所設置した．しかし，光センサーの信頼性が低く，誤作動が少なくないため，観測小屋からビデオカメラで魚道最上段の越流部を常時モニターし，光センサーの検知と照合した．この他，魚種確認のため遡上直上流部に透明アクリル水路を設け，遡上魚がすべてこれを通過するようにした上で，側面から適宜水中カメラでモニターすることにした．

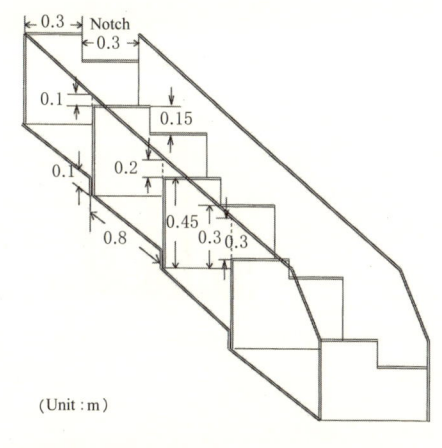

図3　魚道の形と各部の寸法（端，1999）

・遡上した魚類の数と種類
〈遡上した魚種〉

1998年4月中旬から5月初旬のうちの計45時間について水中モニターを使用して魚種の確認を行った．その結果は，フナ類が164尾（84%）と最も多く，次いでメダカ19尾（10%），ドジョウ12尾（6%）であった．また，至近距離からのビデオ撮影によって，メダカおよびドジョウのジャンプによる遡上を確認した．この他，観測小屋に設置した常時モニターによってコイ，ナマズ，また産卵床内での捕獲，観察によってエシノボリ，ヌマチチブといったハゼ類，ナマズ（未成魚），モツゴ，モロコ類，アユ，を確認した．産卵目的で遡上するコイ，ナマズ，フナ類，メダカ，ドジョウ以外にも，索餌目的の遡上も盛んに行われていると判断された．

〈遡上数と水温〉

1998年の遡上数計測結果を図4に，また同期間の用水路と魚道（試験地出口）の水温を図5に示す．

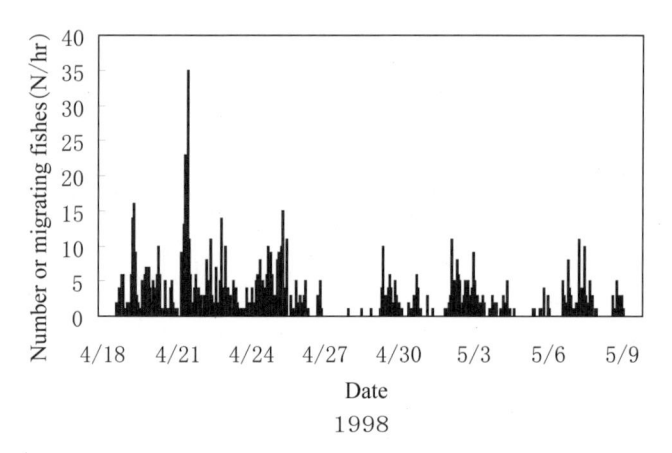

図4 魚類遡上数の計測結果（端，1999）

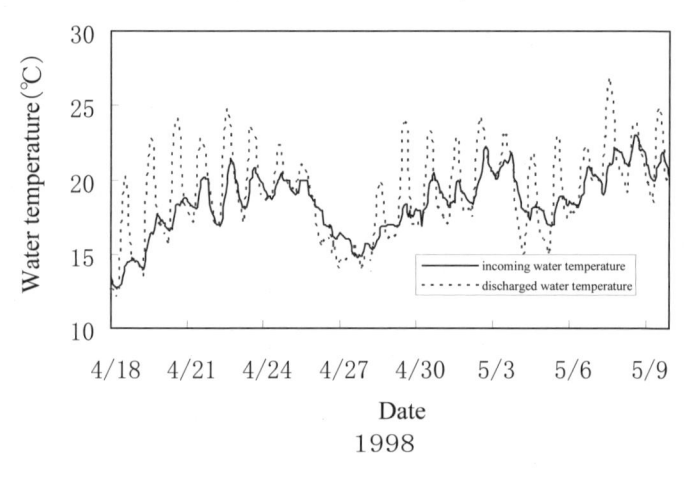

図5 用水と魚道の水温（端，1999）

例年霞ヶ浦からかんがい用の水門が開かれるのは4月中旬頃である．用水路の最高水温は4月21日以降20℃を越え，このあたりで遡上数がピーク（35尾/h）となった．魚道の水温は一日内で大きく時間変動し，昼間は流入に比べ流出は10℃近く上昇する場合も認められる．4月下旬になって水温の一時的低下とともに遡上数の低下も認められるが，これは降雨による霞ヶ浦の水位上昇で水門を閉じたため，霞ヶ浦からの魚類の移動が妨げられたためと考えられる．

〈水田への遡上の引き金〉

　さて，魚類の水田への遡上を誘発する要因として最も有力な指標は水温と考えられている．すなわち，乗っ込みに入った魚類が流れを進む途中で，より温度の高い流れ込みがあると，それに進路を変えるという説である．今回の調査では，図6に示すように，水温差がマイナスの時間帯でも盛んに遡上していることがわかる．したがって，水温差が必ずしも遡上の決定的な要因ではないと考えてよい．

　以上の結果から早計な結論は下せないが，水路内の生息魚類も霞ヶ浦から用水路に侵入する魚類も，4月に入って水温が上昇し始め，最初に水温が20℃に達する頃に産卵衝動が最も活発化するといってよい．

　それでは，水路から試験地（水田）への最後のジャンプを促す引き金は何であろうか．高まってきた水温に刺激された魚類は，いったん衝動が生じると少々の水温差など気にせず流れ込みに向かって向かって果敢にジャンプするのだろうか．いずれにしても，流れ込みそれ自身は，泡，流れの変化，音などによって，容易に認知できる．したがって，普段の生息地の水温の上昇によって産卵衝動を誘発されると，流れ込みの水温が多少低くても，その先に産卵に適した場所が存在することを予知して，果敢にジャンプするのだと指摘しておきたい．

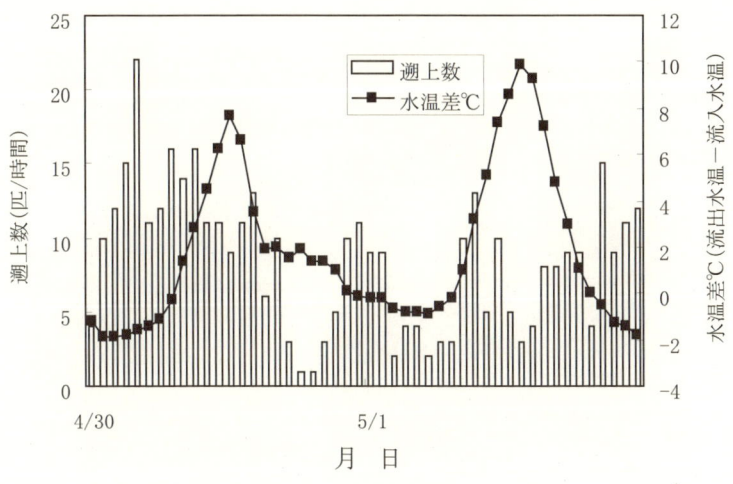

図6　水温の差と遡上数の関係（端，1999）

〈琵琶湖畔で試みられた魚道〉

　詳しくは後述するが，琵琶湖畔の低地に位置する水田地帯は，昔は水際の産卵場所として重要な役割を果たしていたと考えられる．その役割をもう一度取り戻そうという試みが 2000 年に始まり，筆者も加わることとなった．そこで提案したのが，末端の排水路を少しずつセキ上げて水田まで登らせようという案であった．その発想は，下記の写真 1 に示すように，茨城県内で見た，水田からの漏水を防止する目的で設置されたセキであった．このような形で魚道を設置すると，

写真 1　排水路のセキ（茨城県内）

写真 2　琵琶湖畔のセキ上げ式魚道

水路と水田の広範な連続性が確保できるため，かつての用排兼用水路が果たしていた役割を再生できるかもしれない．ちなみに，用排兼用水路とは，一本の水路が用水と排水の機能を兼ねたもので，魚類はかんがい期間中水田と水路を自由に行き来できるので，豊かな魚類相を育んだとされている．

写真2の魚道は着脱が可能な簡易なもので，非かんがい期にはセキ板をはずして水を抜くことができる．設置場所は上流に集水域のない排水路末端部が適している．

排水路セキ上げ式魚道の特徴は下記のとおりである．

既存の末端排水路を利用

上流側一帯の水田を排水路と連続化

設置場所は排水路再奥部で上流側に集水域がないことが必要条件

セキ板は脱着可能とすることで，稲刈り時は水田の乾燥が可能

転作ローテーションに配慮して，数年程度で償却可能な消耗物と位置づけ

半永久構造物としないため構造が簡素で費用も安い

簡素なため地元住民の主体的取り組みが可能

(3) 望ましい水田かんがいシステムーネットワークの視点

水の連続性を担保した水田かんがいシステムの1例を図7に示す．現状は左図のように用水系の一部がパイプライン化していて，河川から進入した魚は引き返さない限り再び河川に戻れない．右図ではパイプライン化の利便性を残しつつ，水田をバイパスして用水系と排水系をつないでいる．用水系と排水系を水田を介さずにつなぐには，用水路途中に設けられた余水吐という施設の利用が有効である．余水吐とは降雨による増水などで用水路があふれる危険性が生じたとき，臨時に排水路に排水する施設であり，用水路の所々に設置されている．現状では，余水吐と排水路の間は大きな落差があるが，これを魚類の遡上が可能なように魚道化すればよい．また，前述のとおり，写真2のような排水路セキ上げ式魚道を用いた場合，その上流側一帯（右図の黒塗り部分）に水路と水田がほぼ連続した水面を形成できる．このため，以前の用排兼用水路方式におけるような豊かな魚類相の再現も期待できる．用水系のパイプライン化は便利であるがコスト高の面もあり，農家・地域住民の選択によっては開水路とすることも考えられて良い．

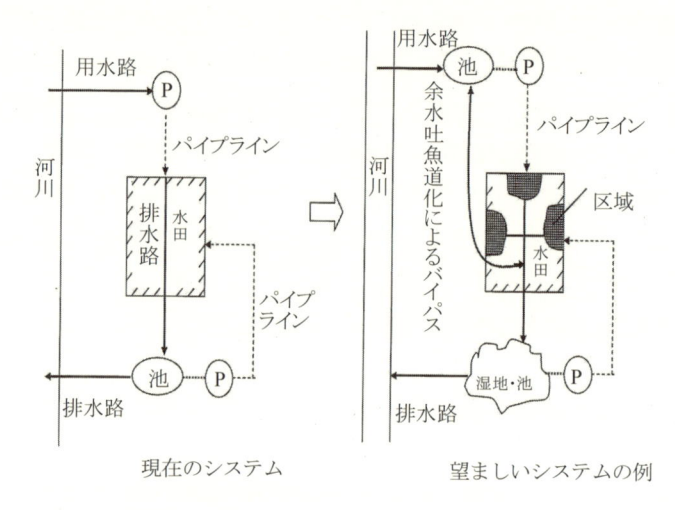

図7　望ましいかんがいシステムの例（端，2005）

写真3　余水吐の例

（4）生活空間としての流水の管理―メダカを対象とする実験による新たな流速指標の提案（端，2001 & 2005）

　これまで，魚類の移動を考慮して，河川から水路を通じて水田にどうつなげるか，といったネットワークを中心に置いて述べてきた．もうひとつ必要な視点は，水が流れる場である水路を魚類の生活空間としてとらえ，どのように保全管理すればよいかという点である．水田のみが生活の場であるということはもちろんなく，周辺の水路も移動とともに生活の場として重要なのは論を待たない．ここで

は，生活環境の一要素としての流速について，メダカを対象とした実験的考察を加える．メダカはわが国の淡水魚の中で最も小さな部類であり，流れの影響を強く受けると考えられる．以下に，筆者らがメダカを対象として行った実験を紹介する．

〈メダカ個体の運動能力〉

従来，流れの速さと魚の遊泳行動については水産資源保護の視点から議論されることが多く，魚類保護と言っても資源的価値の高い魚種が中心であった．魚道の設計に際して，突進速度と呼ぶ瞬間最大遊泳速度が重視され，この他，回遊魚に特徴的な巡航速度（長時間遊いでも疲労しない速度）やこれにやや近い流速概念として定位摂食流速（流れの中に定位して流下するエサを楽に補足できる流速）が存在する．

水中生活者としての魚類にとっては，流れの速さが日々の暮らしに大きく影響することは当然であり，基本的には，流速が増大するにつれて次第に遊泳の自由を束縛される．図8は個体が泳ぐ向きの流速増大に伴う変化を示している．

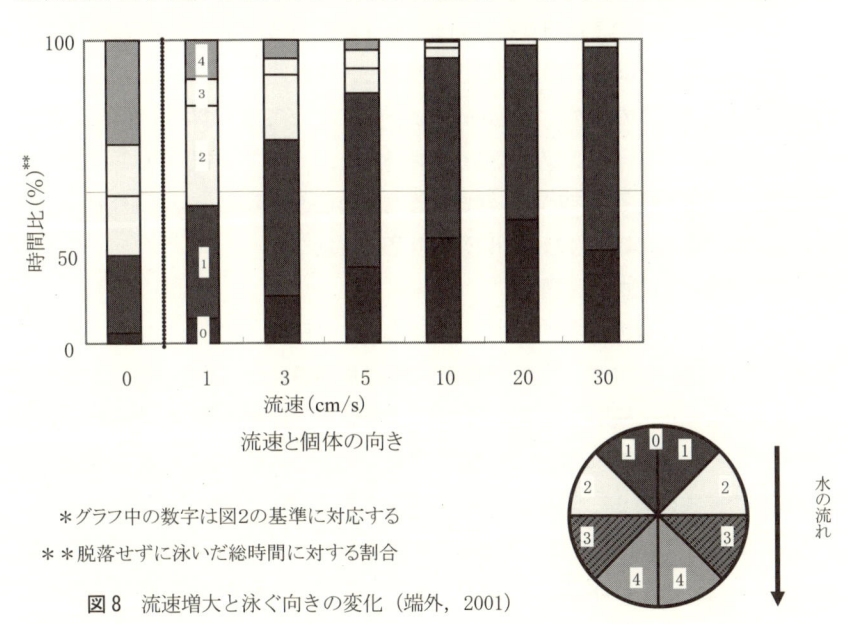

＊グラフ中の数字は図2の基準に対応する
＊＊脱落せずに泳いだ総時間に対する割合

図8 流速増大と泳ぐ向きの変化（端外，2001）

全長 3 cm のメダカを 1 尾ずつ実験水路（幅 15 cm, 水深 5～8 cm）に泳がせ, 流速を徐々に上げて観察・記録した. まず, 流れのない状態では各方向ほぼ均等に向くはずで, 左端のバーはそのような傾向を示している. 流速が 1 cm/s になると, 前を向く時間がだいぶ増える. 3cm/s になると前を向く時間が 50% を超える. 流速が定位摂食流速とされる 10 cm/s（体長の 3 倍程度）になると 90% 以上の時間を上流に体を向けている. 20 cm/s 以上になるとほぼ 100% 上流に向き, 30 cm/s では流されて下流側の網に引っかかる個体が大半であった. 20cm/s 以上の流速はメダカにとって危険な速さである.

〈メダカの避難行動〉

　流れが速くなって耐えられなくなるまでメダカは泳ぎ続けるだろうか？近くに水草など速い流れを避けられる物があれば, 流される前に避難するのではないかという予想を立てた. 水草の代わりに OHP フィルムを用いて, 背後に流れの緩やかな部分をつくり実験を行った.

　流速を徐々に上げて観察していると, 7 尾の群れの 1 尾が水草の背後に隠れると他のメダカもつられて避難するといった様子が認められた. 横軸に比流速をとり, 比流速と避難する個体数をプロットすると, 比流速 6～7 のあたりで過半数が避難することがわかった. 全長 3cm のメダカにとっては, やはり 20 cm/s 程度の流速が避難するタイミングになると考えられた. メダカはギリギリ限界まで耐え限界を越えたところでついに, 流されるということはなく, 人間同様危険と察知した段階で流れの緩やかな場所に避難することがわかった.

〈生活環境としての流速概念〉

　上記のとおり, 身の安全のために避難することは日常の暮らしの中で必要不可欠な行動である. この他, 肉体的限界ではなく生活環境としての限界流速や夜間休息するのに適した緩やかな流れなどの流速概念を定量的指標として定義しておく必要がある. 実験で求めた新たな流速概念を図 9 に示す. また, 農業水路の流速分布調査結果を図 9 にならって分類したものを図 10 に示す.

　図 10 には, 土水路で植生がある農業水路の断面流速の分布を示した. 中心部分はメダカにとって遊泳不能な危険なゾーンが存在し, その周りは昼間のエサ取りなどの活動に適したゾーン, そして岸際は夜間休息するのに適した流れの緩や

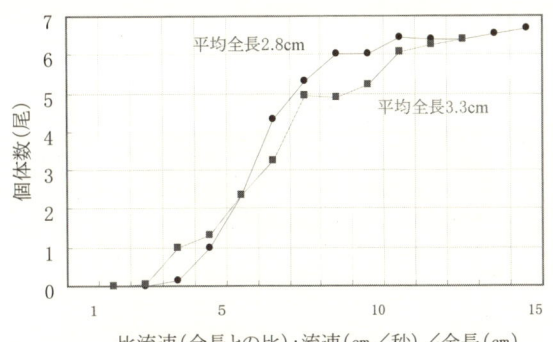

図9 流速の増大と水草の背後に位置する個体数の変化（端外，2001）

流速の増大と水草の背後に位置する個体数の変化

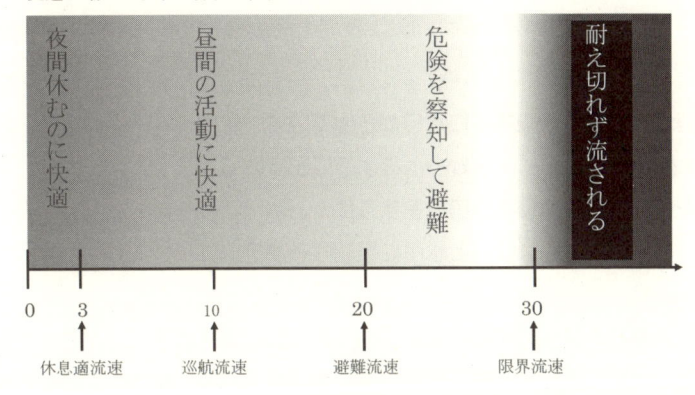

メダカにとっての流れの速さ(cm／秒)
－全長3cmのメダカの場合

図10 生活者としてのメダカにとっての流速（端，2005）

かなゾーンが存在する．水路の設計に際しては，このような多様な流れを形成するように配慮する必要がある．

(5) 残る課題－水田生まれの子どもはどこに行くか？（端，2005）

　蛇口から給水する現状のパイプライン化において，産まれた子どもはどう行動するだろうか？

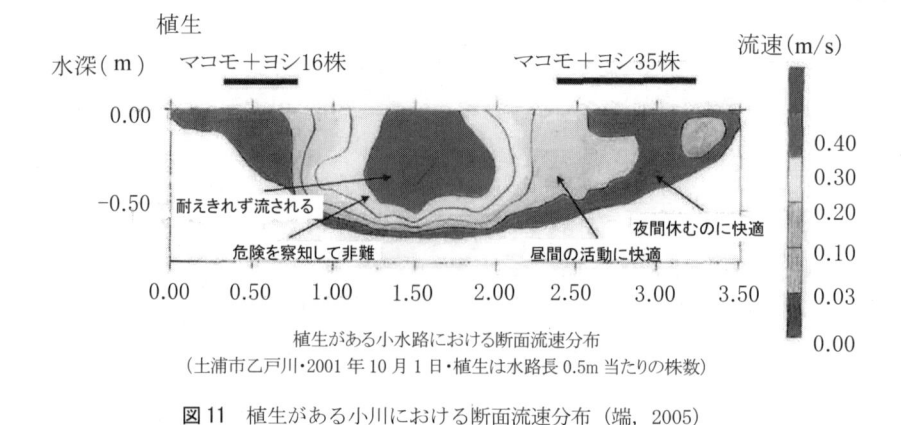

植生
水深(m)　マコモ＋ヨシ16株　　　　マコモ＋ヨシ35株　　　流速(m/s)

植生がある小水路における断面流速分布
（土浦市乙戸川・2001年10月1日・植生は水路長0.5m当たりの株数）

図11　植生がある小川における断面流速分布（端，2005）

◆大型魚の親は産卵後すぐに水田から出ていく
→　大型魚の子どもは水田からどのように出ていくか？
◆小型魚の親は産卵後も水田に留まる
→　小型魚の子どもはずっと水田に居続けるか？

　表1にメダカ・フナの移動方向についての実験結果を示す．メダカもフナも流れの下流に向かうよりも上流に向かう傾向が明瞭である．また，主に昼間行動していることがわかる．産まれた子どもは自然には水田から多く出て行かないことになる．

　図3にメダカを水田（3反区画）に放流して，その後突然の落水によってメダカがどのように行動するかを調べた結果の1例である．水がほぼ完全に抜けるまでに約5割が排水口から脱出した．この他，魚種により

表1　霞ヶ浦畔試験田での実験結果（端，2005）

時刻	かんがい水路へ上り			排水路へ下り		
	メダカ	フナ	その他	メダカ	フナ	その他
9:00～12:00	1717	31	7	127	4	7
～15:00	205	10	19	19	11	2
～18:00	1	0	4	1	0	4
～21:00	0	0	1	0	0	1
～0:00	0	0	2	0	0	4
～3:00	10	1	1	0	0	0
～6:00	27	15	1	0	1	9
～9:00	263	9	5	9	0	6

脱出方向が異なること（皆川，千賀　2007），ニゴロブナ幼魚には給水口からの脱出が可能なようにかんがい方式を改善すべきといった指摘（前畑ら，2010）がなされている．

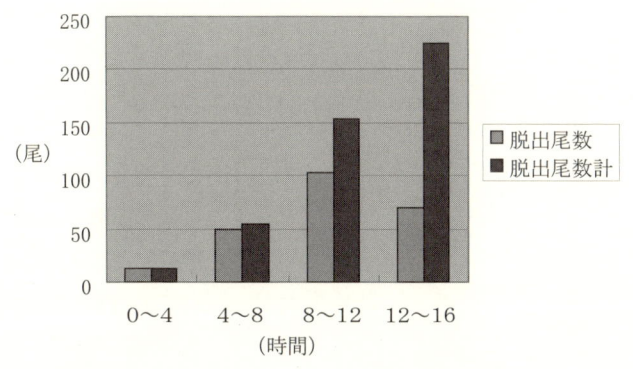

図12　落水時に脱出したメダカの数（420尾放流）

4．地域活性化にむけて－びわ湖畔水田地域の実例

　水田に魚を登らせることについては，直接的に農作業面での効用を具体的に挙げることはできないかもしれない．しかし，下記のとおり，付加価値のついた米の販売も含めて様々な効用を潜在的に有している．

　　高付加価値米の販売（魚のゆりかご水田米）
　　水産資源の保護・育成（ニゴロブナの水田内放流）
　　水田漁労（コイの養魚）
　　生態系の保全（コウノトリのエサ場）
　　農家の環境意識啓発（農薬，化学肥料の節減）
　　子どもの環境教育（地域社会による教育）
　　ご近所力・絆の強化（農家・非農家の絆）

　地域活性化とは『地域主体が知的関心の拡充，社会性の確保，収入の増大を求める動き』（荒樋　2004）ととらえることができる．

滋賀県では，図 13 に示す湖岸低地水田 2000ha の 1 割を前述の魚道で魚が登る水田にする事業（魚のゆりかご水田プロジェクト）が進んでいる．取り組み地区は，2009 年に 26 地区，116ha に達した．農薬・化学肥料の削減を推進する事業（環境こだわり農業）と組み合わせて『ゆりかご水田米』の名称使用承認を実施している．取り組みの熱心な集落では，京阪神の消費者から『ゆりかご水田米』のオーナーを募集し，一緒の契約栽培によって付加価値米栽培の拡充・安定化を図っている．硲および堀（硲，堀 2010）は『魚のゆりかご水田プロジェクト』の現状報告をする中で，各集落の活動を引っ張るリーダーの後継者や更なる付加価値の追求といった課題を挙げつつ，行政の立場から地域の自主性，独自性の尊重や子供の頃の記憶に残る体験の重要性を指摘している．

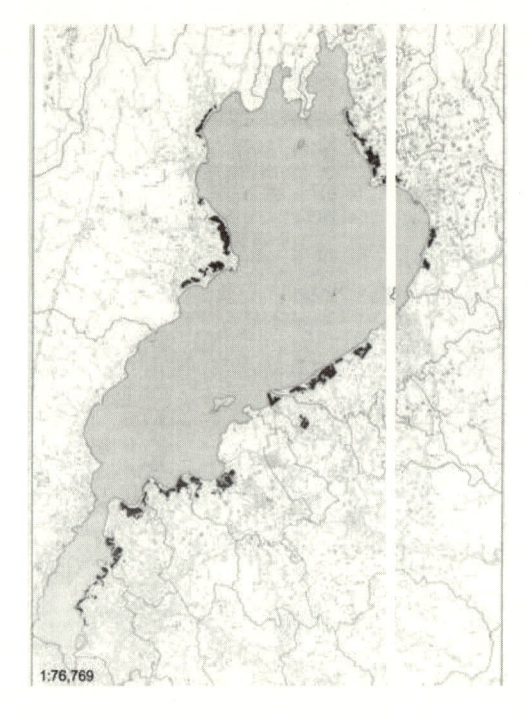

図 13　琵琶湖岸の低地水田

この他，ニゴロブナ仔魚を水田に放流し中干しまでの期間水田内で養魚する事業も 2003 年から行われており，極めて低コストでの飼養が可能であることがわかってきた．当初は，10 万尾/反のオーダーで水田に放流されていたが，エサの枯渇で成育不良になることがわかり，現在 3 万尾/反の密度で放流されている．水田で飼養したうちの 5 割が体長 20mm 程度に成長して水田から流下している．このように，水田の稚魚飼養能力は極めて大きい．2006 年時点で従来からの稚幼魚放流 450 万尾に対し，水田育ちの稚魚は 840 万尾，2010 年には養魚 130 万尾に

対し800万尾となっている．その結果，琵琶湖の0歳魚の2割が水田育ちとなった．現在，漁協と農家の協力関係のもとで継続して進められている．写真4は，初期からこの活動に取り組んできている水土里ネット愛西が主催する，小学生による稚魚の放流活動の様子を示している．

農家率の低下する現在，農家・非農家の絆強化が活力ある地域社会に不可欠と考えられ，経済性の追求に加えて，更なる目標を共有し，そのための作業を『共に楽しむ』ことが鍵でないか．

写真4 水土里ネット愛西による活動の様子

引用文献

荒樋豊　2004．農村変動と地域活性化，創造社，pp.97-99
端憲二　1998．水田かんがいシステムの魚類生息への影響と今後の展望，農業土木学会誌 66 (2)，pp.15-20
端憲二　1999．小さな魚道による休耕田への魚類遡上試験，農業土木学会誌，67 (5)，pp.19―24
端憲二，外　2001．流れにおけるメダカの遊泳行動に関する実験的考察，農業土木学会誌，69 (9)，pp.61-66

端憲二　2005．メダカはどのように危機を乗りこえるか，農文協
皆川明子，千賀裕太郎　2007．水田を繁殖場とする魚類の水田からの脱出に関する研究，農土論集 247，pp.83-91
前畑政善，大塚泰介，水野敏明，金尾滋史　2010．水田で育ったニゴロブナ幼魚の水田内残存と脱出場所の選択性，農業農村工学会文論集 267，pp.43-48
鈴木正貴，水谷正一，後藤章　2004．小規模魚道による水田，農業水路および河川の接続が魚類の生息に及ぼす効果の検証，農業土木学会論文集 72 (6)，pp.59-69
硲登志之，堀明弘　2010．魚のゆりかご水田プロジェクトにおける地域活動，水土の知，78 (10)，pp.3-6

第8章
複合生態系としての農村ランドスケープと生物多様性

山本勝利
（独）農業環境技術研究所　生物多様性研究領域

1. はじめに

　農業は生物の多様性と，それがもたらす生態系サービスを活用する最も典型的な人間活動である．作物も，家畜も，その他の多くの農産物は野生生物の種の多様性，およびそれぞれの種が持つ遺伝的な多様性の中から人間が選び，そして育成してきたものである．また生産物以外にも，土壌中の微生物の働き，花粉媒介や天敵として機能する多くの節足動物類，さらには水資源をかん養する森林の植物など，農業活動は生物の多様性を活用することによって成り立っている．また，このような農業活動が営まれる農村は，単に農業生産の場であるだけでなく，かつての多くの日本人にとって生活の場であり，故郷であった．そこでは食料だけでなく，日本人の衣食住を満たすためのあらゆるものが生産されていた．人々は農村に住み，そこで採れたものを食べ，そこで遊び，身の周りの自然を愛でていた．ウサギ，フナ，ホタルやトンボ，春や秋の七草など，農村の自然は人々にとって非常に身近な存在であった．

　ところが今日，農村の自然を身近な存在として感じられる機会は激減している．その理由の1つは，多くの人々が都市やその周辺に移り住み，農村から切り離されてしまったことであろう．江戸時代には日本人の約8割が農民であったと言われるが，今日，農家人口は国民のわずか5％強にしか過ぎない．しかし，農村の自然が身近な存在でなくなった理由はそれだけではない．よく言われるように化

学資材の利用や，ほ場整備などの農業の近代化，エネルギー革命，さらには農村の過疎化や高齢化により，人間，特に農業と農村の自然環境との相互関係が変化し，農村の自然自体が大きく変貌しているのである．

そこでここでは，農村の自然環境の特徴をランドスケープの視点から捉え，その変化が生物多様性に及ぼしてきた影響について検討したい．

2. 農村の自然とランドスケープ

「農村」を正確に定義することは難しいが，農業生産が行われている地域であることに異論は無いであろう．しかし，農村は食料以外の様々なものを生産する場でもあり，生活の場でもある．さらに，農村の自然環境は，わが国の生物多様性を考える上で非常に大きな位置を占めている．例えば，「生物多様性国家戦略2010（環境省，2010）」における国土のグラウンドデザインでは，農村地域とほぼ同義の言葉として「里地里山・田園地域」を取り上げ，それが国土の8割近くを占め（国土の4割程度を占める里地里山と人工林優占地域および田園地域の全体として），絶滅危惧種が集中して生息・生育する地域の5割以上が里地里山に分布するとしている．このように農村地域は，生物多様性に限らず，日本の自然環境の太宗を占める地域と言っても過言ではない．

では，農村の自然環境にはどのような特徴があるのであろうか．この問題については既に多くの研究が有り，一般にも広く知られるところとなっている．すなわち，①農村の環境は，水田などの農地，水路やため池，草地，雑木林や松林など古くから人間が生産のために形成し，管理し，利用してきた多様な「二次的自然」が存在すること，②それらの二次的自然は，人間による周期的な攪乱（利用・管理）が加えられることにより「時間的なモザイク性」が高いこと，③さらにそれらの二次的自然は集落などを単位とした比較的狭い範囲に混在するため「空間的なモザイク性」が高いことである（例えば井手，1992）．言い換えれば，農村環境の生物多様性は人間によって維持管理された環境の多様性によって生じたものである（守山 1997）と言えよう．守山（1997）はさらに，地形によって多少配列は異なるものの，ムラ（集落域）・ノラ（農耕地）・ヤマ（二次林）という3タイプの生態系の組み合わせが生産を中心とした地域の基本単位（集落域に相

当）で繰り返されることが，生物にとって望ましい農村の姿であるとしている．

このような一定の地域における様々な生態系の組み合わせは「ランドスケープ」と呼ばれる．英語のlandscape（ドイツ語ではlandschaft）には，景観，景域，景相など様々な訳語が当てられてきた．しかしこの言葉には「地域的広がりと時間的変化をもった生態的秩序概念（井手　1971）」と，その表現系としての「風景」を指す意味の混乱があることから，地域の全体像を指す生態学的な用語として用いる際は「ランドスケープ」とカタカナで表記される（山本　2001など）ことが多くなってきた．今日，生物多様性や生態系，さらにはそれらと農業を含む人間活動との関係を考える上で「ランドスケープ」はキーワードの一つとなっている．2010年10月に名古屋で開催された生物多様性条約COP10で採択されたAgricultural Biodiversityに関する決議（条約事務局のHP（CBD，2010））では「農業システムとランドスケープの持続可能性の促進」や「農業生態系とランドスケープの再生」など農業のシステムとランドスケープは対として取り扱われている．

ここで，農村地域のランドスケープにおいて重要なことは，ノラとヤマが必ずセットとして存在する「複合生態系」だということである．農村ランドスケープでは，農耕地や牧草地，樹林，水路，家屋，道路など種々な要素が混在するため空間的な異質性が高いと同時に，樹木や作物などの生育期間が異なるため時間的な異質性も高いとされる（Risser, 1987）．さらに井手（1992）は，農村に存在する農林地のパッチをランドスケープのサブシステムと考え，屋敷林を主体とする集落サブシステム（守山の"ムラ"に相当），農用林を中心とする林地サブシステム（同"ヤマ"），耕地・荒地を主体とする耕地サブシステム（同"ノラ"）が混在しつつ，それぞれが自然林，二次林，二次遷移初期群落の種子供給源として機能することによって農村の空間的・時間的モザイク性が高まっているとしている．

ここで言う「ヤマ」または「林地サブシステム」は，今日で言う里山である．里山は往々にして「薪炭生産の場」と捉えられがちであるが，じつは農業生産上の必要性から維持されてきた部分が大きい．すなわち，水田に投入する緑肥（刈敷）や，水田を耕し収穫物を運搬するための牛馬の餌（まぐさ）を採取する

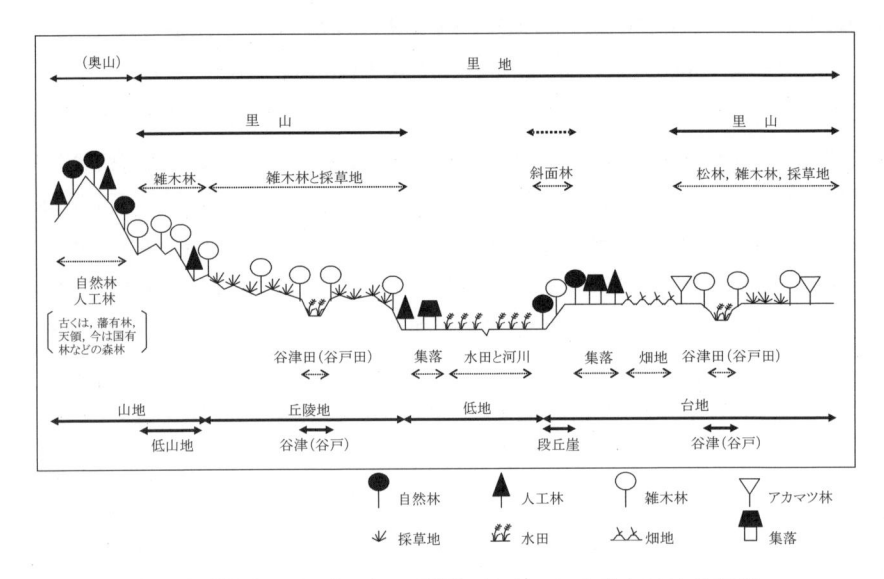

図1 里地里山のランドスケープ構造（山本 2001 を武内 2001 が改変）

場として形成され，維持されてきたのである（水本 2003）．そのため里山は柴や芝，茅などの草原的な植生に被われていたと言われる（武内 2001；図1）．かつての里山では，これらの草原的な環境と薪炭林や松林などの森林的環境がモザイクを形成し，それがまた水田などの農耕地やため池，水路と混在する．これが複合生態系としての環境が農村ランドスケープの特徴と言える．さらにこのような複合生態系は，個々の生態系の境界領域に独特の環境を形成する．その代表例が林縁である．里山の森林的環境は，草原的環境や農耕地と隣接し，林縁が生じる．そのような林縁は多くの動植物にとって重要なハビタット（生物生息空間）となっている．

3. 農業生産と農村のランドスケープ

農業と生物多様性との関係について早くから検討し，政策的展開が見られたヨーロッパ諸国では，今日，農業生産と生物多様性保全を両立させるランドスケープ構造の形成に関する検討が進んでいる．EC（EU）の共通農業政策では，生産

過剰等への対処のため，粗放化などの政策を通じて環境保全的側面が重視されてきた．粗放化は，化学資材の投入量や家畜の頭数を抑制して生産を調整し，環境負荷を低減するオンサイトなプログラムである．しかし今日では，より積極的にランドスケープの構造を生物多様性保全に適したものに変更するためのセットアサイド・プログラムが多くの地域で実施され，その科学的根拠に関する検討が進められている．

例えば，単に伝統的なヘッジロウを保全するだけでなく，耕地の一部（多くの場合縁辺部，field margin）を不耕起とし，そこに新たなヘッジロウや野草地を形成して野生生物の生息地（ハビタット）として確保しようとする試みがなされている（Marshall and Moonen, 2002）．また，多様化されたランドスケープの構造が生物多様性の保全と持続的な害虫制御に関する潜在的機能を有すると指摘されている（Bianchi et al., 2006）．その他にもランドスケープ構造，とりわけランドスケープの複雑さや，ほ場周囲の非農耕地の農業生産にとっての重要性に関する研究が盛んに行われている（例えば，Coeur et al., 2002, Schmidt et al., 2007, Aavik and Liira, 2010 など）．

これらの研究成果を「機能的生物多様性（functional biodiversity）」の視点から位置づけ，耕地周辺の非耕地生態系を"Ecological Infrastructures"と呼び，土着天敵など農業に有用な生物を活用するための装置として積極的に形成しようとする施策も展開されている．特にスイスでは，これらの手法に関する研究に基づいて作られた生物多様性の指標，評価手法および管理技術がマニュアル化され，環境保全型農業を実施する農業者に対して行われる直接支払いは，その評価結果に基づいて行われている（Boller et al., 2004）．これらの試みは，農業と生物多様性との関係を，耕地内のみを対象とするのではなく，field margin や従来のヘッジロウなどを含むランドスケープ・レベルで捉えようとするものである．また，2003年のEU環境閣僚会議決議に基づいてEEA（ヨーロッパ環境庁）を中心に検討されているHNV (High Nature Value) farmland（自然価値の高い農地）の抽出作業においても，農場におけるランドスケープの構造に着目している．HNV farmlandでは，3つのタイプが想定されており，これらを衛星画像による土地被覆分類と鳥類・チョウ類・植物の重要生息地分布図を用いて抽出している

(Parachini *et al.*, 2006). ここで注目されるのは Type2（フィールドマージン，ヘッジロウ，石壁，樹林地，小河川などの自然または構造物と非集約農地のモザイクからなる農場）である．これは様々な生態系要素が混在したランドスケープを評価の対象としている．また，この HNV farmland だけでなく，欧州における農業と生物多様性との関係に関する研究や施策の多くは，field でなく farmland を対象としている．Farmland は field より空間的に大きな概念であると思われ，そこには耕地だけでなく上述の Type2 のように様々な環境要素が混在している地域だと考えられる．

これらの研究の多くは，ヨーロッパなどの畑作と牧畜からなる農業地域を対象としている．そのため field margin（非耕地）や HNV farmland の多くは「半自然草原（semi-natural grassland）」である．一方で，わが国をはじめとするアジアモンスーン地域の水田生態系を見た場合，そこには，畦畔や水路などの Ecological Infrastructures と言える装置を自ずから具備している多様性の高いランドスケープ構造が形成されている．したがって，そのようなランドスケープ構造を積極的に評価する生物多様性指標を開発することが必要となる．

4. 複合的なランドスケープの構造が農業生産に及ぼす影響

元来，農業は，自然界における多様な生物がかかわる循環機能を利用し，動植物を育みながら営まれる生物多様性に立脚した産業であるが，不適切な農薬・肥料の使用，過度の農地・水路の整備などが生物多様性に負の影響を及ぼしている（農林水産省，2007）とされる．そのため，今日，全国各地で環境に優しい農業生産すなわち「環境保全型農業」への取り組みが広がっている．しかし，環境保全型農業が実際に生物多様性に及ぼす負の影響を軽減しているか否かは定かではない．また，多くの環境保全型農業では個々の，ほ場内で実施される農法が検討されているが，これらの農法の効果に対して，ほ場を取り巻く農村ランドスケープの構造が及ぼす影響についての定量的評価はほとんど行われていない．前述のようにランドスケープの構造が農業生産に及ぼす影響はヨーロッパ諸国を中心に現在盛んに検討されている．

そこで，筆者らの研究グループでは，現在，農林水産技術会議において実施さ

れているプロジェクト研究「農業に有用な生物多様性の指標および評価手法の開発」の中で，全国各地で観測されたデータを用いて，指標候補生物種の増減に影響を及ぼす要因を，ほ場内の農法と，ほ場を取り巻く外部環境の両面から解析した．本プロジェクトは，天敵生物などの生態系機能を活用した農業の推進という視点から，環境保全型農業，特に減農薬の取り組みが生物多様性に及ぼす効果に関する指標開発が進められているが，その全体の詳細については他を参考にされたい（例えば田中（2010）など）．

　上記プロジェクト研究では，全国 13 の地域で，水田農業を対象にそこに生息する小動物を調査し，環境保全型農業（減農薬，無農薬，特別栽培，有機農業）に取り組んでいる集落と慣行農法の集落を比較し，環境保全型農業の効果を指標する天敵生物の選抜が進められている．この中から，全国で最も多くのデータが収集されているアシナガグモ類（アシナガグモ属のクモ類）を対象に，個体数と，

表1　アシナガグモ属の個体数に影響を及ぼす要因（山本，2010a）

説明変数	係数	有意水準	
農法要因			
慣行農法タイプ	-0.233	0.038	*
環境保全型農業タイプ	-0.533	0.000	***
殺虫剤(箱施用剤-プリンス系)の施用有無	-0.487	0.000	***
殺虫剤成分回数(箱施用剤-非プリンス系)	-0.603	0.000	***
殺虫剤成分回数(本田施用剤)	-0.369	0.000	***
化学肥料の施用有無	-0.557	0.000	***
有機質肥料の施用有無	-0.120	0.107	
環境要因			
年平均気温(℃)	-0.499	0.000	***
年間降水量(mm)	0.001	0.000	***
暖候期日射量	-0.213	0.000	***
最大積雪深	-0.025	0.000	***
起伏量	-0.005	0.000	***
JOIN数(1997年：水田－林野)	0.018	0.000	***
JOIN数(1997年：畑・樹園地－林野)	-0.005	0.005	**
JOIN数(1997年：建蔽地－林野)	-0.008	0.127	
(定数項)	28.423	0.000	***

AIC= 2837.1
explained deviance: 62.8（農法要因28.5，環境要因20.5，共有効果13.7）

各調査ほ場における農法および対象地周辺（3次メッシュ）の環境条件との関係を一般化線型モデル（ポアソン回帰）により解析した（山本　2010a）．AICによりモデル選択を行った結果，62.8%の説明力をもつモデルがベストモデルとされた（表1）が，農薬使用量等ほ場内の農法要因が28.5%，気候条件や周辺環境などの環境要因が20.5%，両者の共有効果が13.7%であった．選択された要因（独立変数）のうちアシナガグモ類の個体数に正に働く要因は2つしかなく，その内の一つは「水田－林野JOIN（約1km四方の3次メッシュを100mごとに区切って土地利用の混在程度を算出したもののうち，水田と林野が隣接する割合，係数は+0.018）」であり，他の一つは「年間降水量（係数は+0.001）」であった．

この結果は，アシナガグモ類の個体数は農法の影響を強く受けているが，それだけではなく，環境要因にも大きく左右されること，特に，水田ほ場周辺に林野が存在するか否かが大きいことを示している．言いかえれば，環境保全型農業の効果は，ほ場の周辺の環境，特に水田と森林の複合生態系としてのランドスケープ構造によって異なることを示している．しかし，環境保全型農業の多くはほ場内での化学資材投入量などに焦点を当てたものが多い．したがって，今後は個別のほ場単位だけではなく，ほ場とその周辺環境をセットとして地域の環境を捉え，その複合生態系としてのランドスケープ構造と環境保全型農業の効果との関係を

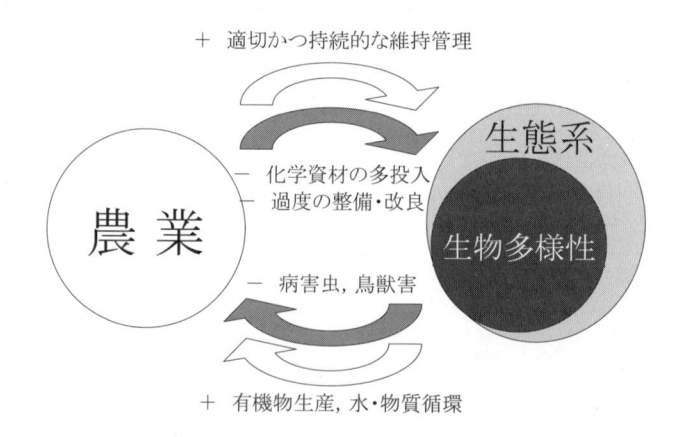

図2　農業と生物多様性の相互関係（山本，2010b）

検証していく必要があると言えよう．

　以上のように，農業と生物多様性の関係は，単に農業が生物多様性に負の影響を及ぼすというだけでなく，機能的な生物多様性から農業が生態系サービスを享受するという相互関係に着目する必要がある（山本　2010b，図2）．このような視点から考えたとき，農業と生物多様性の相互関係は，個々のほ場ごとではなく，ランドスケープの視点からとらえる必要がある．

5. 農村ランドスケープの変化が生物多様性に及ぼす影響

　このように様々な二次的自然が混在し，時間的・空間的なモザイク性が高い特徴を持つ複合生態系としての農村ランドスケープは，今日，非常に大きく変化している．農村地域では，「生物多様性国家戦略（環境省，2010）」でわが国の生物多様性が直面しているとされる「第1の危機（人間活動の拡大）」と「第2の危機（人間活動の縮小）」が同時に進行し，二次的自然の喪失と時間的・空間的モザイクの低下が生じているのである．都市化による二次的自然の減少はもちろんであるが，戦後のほ場整備などにおいて田面の拡張（つぶれ地の排除）が進められたことから農耕地周辺のランドスケープは均質化された．その一方で，エネルギー革命によって薪炭，緑肥，役畜の利用が行われなくなり，里山の森林的環境，草原的環境の放置が進み，植生の遷移によって里山ランドスケープの均質化が進んでいる（井手　1995）．さらに今日では，耕作放棄の進行により農耕地そのものの放置と遷移が進み，農耕地と里山の境界領域を含む農村ランドスケープ全体のモザイク性が低下している．その結果，メダカやタナゴ類などの淡水魚，トノサマガエルの仲間，タガメ，ゲンゴロウなどの昆虫，キキョウやオキナグサなどの植物など，かつての農村では普通に見られた種が絶滅危惧種にリストされる例が多くなっている．よく調査されているチョウ類を例に見ると，草原性チョウ類を中心に特に人間活動の縮小（第2の危機）の影響が大きいとされる（中村　2010）．日本チョウ類保全協会（2010）のHPでは，特に絶滅に瀕しているチョウ類46種をとりあげ，その生息環境や減少要因を解説しているが，高山蝶や離島特産種を除く33種のうち20種が農耕地周辺に生息するとされ，うち11種で「管理放棄」が，9種で「草原環境の変化」が減少要因であるとされている（表

2）．これらのことは，農業をはじめとした人間活動によって形成され，維持されてきた複合生態系としての農村ランドスケープの変化が生物多様性に及ぼす負の影響を如実に示している．

表2 絶滅に瀕するチョウと農耕地周辺環境の変化

絶滅危惧ランク	種名	日本チョウ類保全協会(2010)のHPでの記述			
		生息環境	農耕地周辺	管理放棄	草原環境の変化
絶滅危惧Ⅰ類	ホシチャバネセセリ	ススキ草原	○		
	チャマダラセセリ	草丈の低い草原	○	○	
	タイワンツバメシジミ	草丈の低い草原	○		
	クロシジミ	草原	△		
	ゴイシツバメシジミ	原生林			
	オガサワラシジミ	小笠原諸島			
	オオルリシジミ	草原	○		
	シルビアシジミ	草丈の低い草原	○		
	オオウラギンヒョウモン	草原	○	○	○
	ウスイロヒョウモンモドキ	ススキ草原	○	○	○
	ヒョウモンモドキ	湿性草原	○	○	○
	ヒメヒカゲ	草原	△		○
絶滅危惧Ⅱ類	アカセセリ	ススキ草原	○		○
	アサヒナキマダラセセリ	石垣島・西表島			
	オガサワラセセリ	小笠原諸島			
	ヒメチャマダラセセリ	アポイ岳			
	ギフチョウ	落葉広葉樹林	△		
	ミヤマシロチョウ	高標高地			
	ツマグロキチョウ	採草地等	○	○	
	ヤマキチョウ	採草地等	○	○	
	ヒメシロチョウ	採草地等	○	○	
	チョウセンアカシジミ	樹林	○		
	キタアカシジミ	カシワ林			
	ミヤマシジミ	草原	○	○	
	アサマシジミ	草原	○	○	
	ゴマシジミ	草原	○	○	○
	ハマヤマトシジミ	南西諸島			
	ルーミスシジミ	原生林			
	オオイチモンジ	河畔林			
	コヒョウモンモドキ	草原	○	○	○
	クロヒカゲモドキ	疎林環境	△		
	タカネヒカゲ	高山帯			
	ウラナミジャノメ	草原	○		○

表 2　続き

	タカネキマダラセセリ	北アルプス			
	ヒメギフチョウ	落葉広葉樹林	△		
	ウスバキチョウ	北海道の高山			
	クモマツマキチョウ	高地帯			
準絶滅危惧	ベニモンカラスシジミ	樹林（蛇紋岩等）			
	オオゴマシジミ	山地渓流沿い			
	リュウキュウウラボシシジミ	沖縄島，西表島			
	キマダラルリツバメ	様々な環境	△		
	クロツバメシジミ	様々な環境			
	ウラギンスジヒョウモン	草原		○	○
	ヒョウモンチョウ	草原		○	
	フタオチョウ	沖縄島			
	オオムラサキ	落葉広葉樹林			

注）日本チョウ類保全協会（2010）のHPより作成．△は筆者が追記．

6. 複合生態系としての農村ランドスケープの再生

　では，農業と生物多様性との関係を再構築し，生物相豊かな農村ランドスケープを再生するにはどのような試みが必要なのであろうか．

　実際には，今日においても，農業生産上の理由から農村の二次的自然の管理が継続され，その結果として地域の生物多様性が保全されている場合がある．例えば，谷津田を取り囲む斜面林の下部で行われているすそ刈りである．谷津田のすそ刈りで維持されている小規模な草地（写真 1）では在来の草本植物の多様性が高く（小柳ら　2007；楠本ら　2007；表2），またすそ刈り草地と水田，斜面林が隣接した立地ではチョウ類の種多様性も高い（山本ら　2007；表 3）．また，良質な茶生産のために実施されている茶草場の利用（楠本ら　2010）なども，農業生産により農村の二次的自然の利用と管理が継続され，結果として生物多様性が保全されている好例である．またより一般的なものとして水田の畦畔管理がある．これらは農耕地周辺における草刈りを中心とした農業活動であるが，草刈りが継続されることによりかつての里山に広く見られた草原的環境が維持されると同時に，農耕地と林野などとの境界領域が維持され，複合生態系としての農村ラ

写真1 水田，すそ刈り草地，斜面林からなる複合的な農村ランドスケープ

ンドスケープを保全する上で重要な役割を果たしている（山本 2009）．しかし，これらの農業活動が生物多様性に及ぼす正の影響については近年注目され始めたところであり，研究蓄積が充分とは言えない．特に水田畦畔の管理は，隣接するほ場の耕作主によって行われるため管理方法が多様であり，現状把握もほとんど行われていないのが実情である．しかし，畦畔はヨーロッパのフィールドマージンに相当しうる要素であること，また草刈りは今日の農業者にとって最大の重労働であることなどから，それらの効果を解明し，その支援につなげることが急務と思われる．

　農業者の高齢化や人口減少などに直面する今日の農村において，伝統的な農業活動の枠組みだけで農村の様々な二次的自然の管理や利用を継続することは難しい．その一方で，里山や耕作放棄地など，農村に現存しながら未利用のまま放置されている土地資源や生物資源は非常に多い．これらの資源を農業経営的にも，地域経済的にも，また生物多様性保全にも有効に活用するような技術とスキームの開発が急務といえる．そのような視点から筆者が現在注目しているのはバイオマス利用技術の開発と，里地放牧などの耕畜連携システムの構築である．これらの技術開発は，エネルギーや温暖化，食料自給率などの問題への対応をおもな目

表3 谷津田のすそ刈り草地（C1）と他の立地の植物群落の比較（楠本ら，2007）

分類 (TWINSPAN による)	調査地点数（立地別）				毎年の草刈り	出現種数（生活形別）				帰化植物被覆率%	主な指標種 （識別種を含む）
	合計	谷津	平地	松林		合計	一年	多年	木本		
C1	23	20	3	–	有り	45.8	9.0	26.7	9.9	7.1	ワレモコウ，アズマネザサ，ヤマノイモ，キツネノマゴ，アキカラマツ，チガヤ，ヤマハッカ
C2	20	2	3	15	有り	51.3	4.7	27.6	18.9	10.9	ワレモコウ，アズマネザサ，シラヤマギク，ヤマノイモ，アカマツ，サルトリイバラ，トダシバ，アキノキリンソウ
C3	23	–	23	–	無し	19.5	7.1	9.9	2.4	23.0	アキノエノコログサ，メリケンカルカヤ，セイヨウタンポポ，メマツヨイグサ，ヒメムカシヨモギ，メドハギ
過去の半自然草地（1970〜1980年代） P	19	–	–	–	有り	31.2	0.7	13.5	17.0	0.1	ワレモコウ，アズマネザサ，ミツバツチグリ，アキカラマツ，ツリガネニンジン，エビヅル

表4 谷津田のルートセンサスにおける緑地配置と
チョウ類出現種数の関係（山本ら，2007）

		ルート上の環境の組合せ（もう一方）												
		同種	同種水路	水路	法面	畑	水路法面	畑水路法面	水路法面森林	水路森林	法面森林	森林	畑	畑水路	その他
ルートの片側	水田	18	25	23	24	12	25	7	43	29	36	37	2	13	21
	耕作放棄田	23	18	17	16		9		16	20	25	23	8		21
	水田＋耕作放棄田	34	24		11		11								
	畑			8	5				15	24	13	10			20
	森林														16
	のり面														15

注）表中の数値はセグメントに出現したチョウ類種数の合計値．
　　空欄は調査ルート上において該当セグメントが存在しないことを示す．

的として実施されている．しかしこれらの技術開発によって，農村の資源利用，すなわち二次的自然への適度で周期的な攪乱が経済的に成立すれば，複合生態系としての農村ランドスケープ全体の維持管理，ひいては農村における生物多様性保全と農業をはじめとする経済活動の両立を図れるのではないかと考えている（図3）．

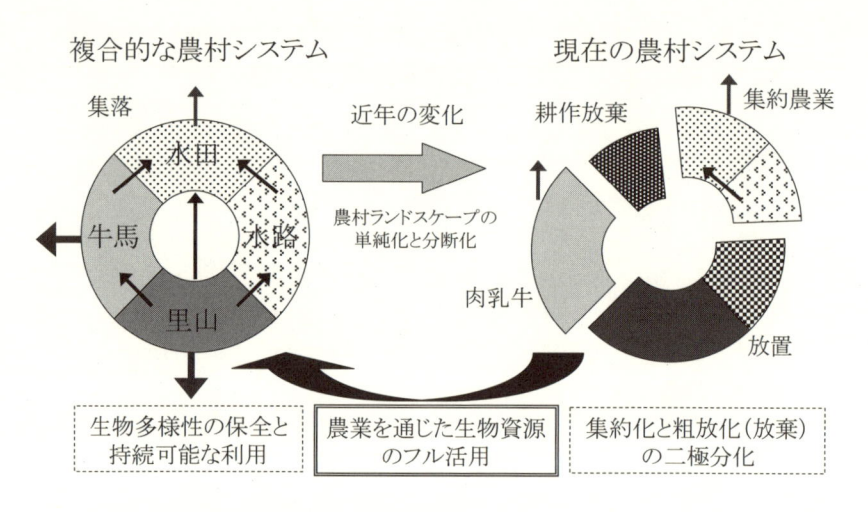

図3 複合生態系としての農村ランドスケープの再生

5. おわりに

　最後に，では，どのような広がりをもって「農村ランドスケープ」を捉えたら良いかを考えてみたい．結論から言えば，集落を単位とするのが有効だと考えている（山本　2010c）．集落の定義を「農業集落」に求めると，「農業などの共同作業を通じて土地への働きかけを行う基礎的な社会的単位（農業集落研究会 1977）」となる．つまり集落は生産上の共同体として機能し，共同の領域（集落域）において里山や水などの資源管理を共同で行ってきた．その結果として形成され，維持されてきたのが農村のランドスケープである．また今日的には，農業の担い手減少，高齢化の中で集落営農など経営単位として集落が再評価されつつある．したがって，個々のほ場を個別に対象とするのではなく，集落を単位とすることで，農業生産と周辺の資源の利用と管理を一体的に進めて行くことが可能となり，それが複合生態系としての農村ランドスケープの継続をもたらし得ると考える．

引用文献

Aavik, T. and J. Liira 2010. Quantifying the effect of organic farming, field boundary type and landscape structure on the vegetation of field boundaries. Agriculture, Ecosystems and Environment, 135, 178-186.

Bianchi, F. J. J. A., C. J. H. Booij and T. Tscharntke 2006. Sustainable pest regulation in agricultural landscapes: a review on landscape composition, biodiversity and natural pest control. Proceedings of the Royal Society B, 273, 1715-1727.

Boller, E. F., Hani, F. and Poehling, H-M. eds., 2004 Ecological Infrastructures-Ideabook on Functional Biodiversity at the Farm Level. IOBC, Switzerland. 212pp.

CBD 2010, COP 10 Outcomes-Agricultural Biodiversity. http://www.cbd.Int / Nagoya / outcomes /（2010年11月5日閲覧）

Coeur, D. L., J. Baudry, F. Burel and C. Thenail 2002. Why and how we should study field boundary biodiversity in an agrarian landscape context. Agriculture, Ecosystems and Environment, 89, 23-40.

井手久登　1971．景域保全論．応用植物社会学研究会，121pp.

井手　任　1992．生物相保全のための農村緑地配置に関する生態学的研究．緑地学研究，11, 120pp.

井手　任　1995．生物相の保全と環境保全型農業．農業環境技術研究所編，農林水産業と環境保全，養賢堂，東京．153-168

環境省　2010．生物多様性国家戦略　2010. BioCity，東京．356pp.

小柳知代・楠本良延・山本勝利・大黒俊哉・井手　任・武内和彦　2007．関東地方平野部におけるススキを主体とした二次草地の過去と現在の種組成の比較．ランドスケープ研究，70 (5). 439-444.

楠本良延・山本勝利・天野達也・徳岡良則・山田　晋　2007．谷津田を囲む斜面林周辺の草刈りが植物の多様性を高める．平成18年度研究成果情報（第23集），農業環境技術研究所．28-29.

楠本良延・平舘俊太郎・岩崎亘典・稲垣栄洋　2010．茶生産のために維持される茶草場は貴重な二次的自然の宝庫です．平成21年度研究成果情報（第26集），農業環境技術研究所．（印刷中）

Marshall, E.J.P. and Moonen, A.C. 2002. Field margins in north Europe: their functions and interactions with agriculture. Agriculture, Ecosystems & Environment, 89. 5-21.

水本邦彦　2003．草山の語る近世．山川出版社，東京．99pp.

守山　弘　1997．むらの自然をいかす．岩波書店，東京．128pp.

中村康弘　2010．日本のチョウ類の衰亡と保全．石井　実 監修，日本の昆虫の衰亡と保護，北隆館，東京．23-35.

日本チョウ類保全協会　2010．絶滅に瀕するチョウ．http://japan-inter.net/butterfly-conservation/（2010年9月1日閲覧）

農業集落研究会編　1977．日本の農業集落．農林統計協会，東京．1-14.

農林水産省　2007．農林水産省生物多様性戦略．23pp.
Parachini, M. L., J. M. Terres, J. E. Petersen and Y. Hoogeveen 2006. Background Document on the Methodology for Mapping High Nature Value Farmland in EU27. Internal report EEA/JRC, European Environment Agency, Copenhagen. 32pp.
Risser, P. G. 1987. Landscape ecology - state of the art. in Turner, M. G. eds., Landscape Heterogeneity and Disturbance, Springer-Verlag, New York. 3-14.
Schmidt, M. H., C. Thies, W. Nentwig and T. Tscharntke 2007. Contrasting responses of arable spiders to the landscape matrix at different spatial scales. Journal of Biogeography, 1-10.
武内和彦　2001．二次的自然としての里地・里山．武内和彦・鷲谷いづみ・恒川篤史 編，里山の環境学，東京大学出版会，東京．1-9.
田中幸一　2010．水田の生物多様性保全に役立つ栽培管理．農林水産技術研究ジャーナル，33 (9)．11-16.
山本勝利　2001．里地におけるランドスケープ構造と植物相の変容に関する研究．農業環境技術研究所報告，20，1-105.
山本勝利・楠本良延・椎名政博・井手　任・奥島修二　2007．農村景観構造に基づく生物生息空間の評価―谷津環境のチョウ類生息空間を例に―．システム農学，23 (1)．1-10.
山本勝利　2009．水田が育む生物多様性，生物多様性の日本，(財)森林文化協会，東京．38-48.
山本勝利　2010a．農村ランドスケープの維持管理と生物多様性保全．農林水産技術研究ジャーナル，33 (9), 36-40.
山本勝利　2010b．生態系サービスと農業・農村．ARIC 情報，99，28-33.
山本勝利　2010c．人が織りなす農村集落のランドスケープ．農村計画学会誌，29 (2)．138-142.

第9章 農林水産業に関する生物多様性と生態系サービスの経済価値評価

吉田 謙太郎
長崎大学環境科学部

1. はじめに

　2010年は国連が定めた国際生物多様性年であった．また，10月11～29日には，名古屋市において生物多様性条約第10回締約国会議（COP10）およびカルタヘナ議定書第5回締約国会議（COP-MOP5）が開催された．COP10に関する話題がマスメディアにおいて頻繁に取り上げられるなど，生物多様性に注目の集まった1年であった．生物多様性条約COP10においては，懸案であった遺伝資源へのアクセスと利益配分（Access and Benefit-Sharing）に関する名古屋議定書，そしてポスト2010年目標である生物多様性保護のための愛知ターゲットが採択されるなどの成果があがった．京都議定書に次いで，わが国の都市の名前を冠した重要な環境問題に関する議定書が誕生したこともあり，国内における生物多様性に関する認知は高まったと考えられる．COP10においては，人間活動と関わりの深い農林地を含む二次的自然の保全に関わるSATOYAMAイニシアティブも採択された．愛知ターゲットにおいては，海洋保護区の目標値が設定されるなど，農林水産業との境界領域における生物多様性と生態系保護の重要性が大いにクローズアップされた会議であった．

　生物多様性条約は，1992年にリオ・デ・ジャネイロで開催された地球サミットにおいて気候変動枠組条約と時を同じくして採択され，1993年に発効した．生物多様性は，CO_2とは異なり，単一の環境財として扱いにくいという性質を有する

とともに，地域固有性を有する点が特徴的である．それゆえ，生物多様性に関する問題解決のため，世界各国に共通の枠組みを構築することは容易なことではない．しかしながら，生物多様性は人々の日常生活に必要とされる多くの生態系サービスを提供するための基盤として重要な役割を果たしており，その劣化は直接的に人々の生活の質を損なわせるため，世界各国共通の保護の枠組みを構築することが必要とされるのである．

2005年に国連ミレニアムエコシステム評価（Millennium Ecosystem Assessment編，2008）が公表されて以来，生物多様性および生態系が人々の日常生活に与える影響を意味する生態系サービスという用語が一般に使用されるようになってきている．生物多様性と生態系をストックとすると，生態系サービスはフローと定義することができる．生物多様性の経済的価値について考える際には，生態系そのものの有する価値とともに，生態系サービスの価値という観点からアプローチすることも重要である．

生物多様性条約の採択を受けて，これまで日本では4次にわたる生物多様性国家戦略を策定してきた．2007年11月に閣議決定された第3次生物多様性国家戦略においては，生物多様性の3つの危機が強調された．第1の危機は，人間活動に起因する開発や乱獲による種の減少・絶滅，生息・生育地の減少である．第2の危機は，人間の働きかけが減少することによる里地里山などの手入れ不足による自然の質の変化である．第3の危機は，外来種や化学物質などの持ち込みによる生態系の攪乱である．さらに，地球温暖化による危機が，多くの種の絶滅や生態系の崩壊をもたらすことが指摘されている．

2010年3月に閣議決定された生物多様性国家戦略2010において，SATOYAMAイニシアティブが強調されているように，人間の手入れ不足による二次的自然の劣化がもたらす生物多様性の喪失が問題とされている．この第2の危機に関する問題は，農業と森林の現状と密接に関連するものであり，議論を深める必要があると考えられる．

生物多様性条約COP10において，生物多様性版スターン・レビューと称される『生態系と生物多様性の経済学（The Economics of Ecosystems and Biodiversity：TEEB）』の統合版リポートが最終公表されたことも重要なトピッ

クであった.2007年のG8+5環境大臣会合を端緒として,EUやUNEPなど様々な機関や政府が支援してきた当プロジェクトにおいては,これまで市場経済の中で正当に評価されてこなかった生物多様性と生態系,生態系サービスの経済価値とその評価,そして市場への内部化を図るためのプロセスとストラテジーが明確に整理されている.生物多様性や生態系の経済的価値に関しては,研究者間でも意見が分かれてきたが,世界各国の研究者らが結集し,経済学の側面についての総合的なレビューが公表され,オーソライズされたことの意義は小さくはない.

本稿では,生物多様性と生態系サービスの経済的価値,そして経済評価について解説する.また,生物多様性保全を目的としたマーケット創造の手段である生態系サービスへの支払いについて議論を展開する.その上で,今後の生物多様性保護を考える上での経済評価の役割について検討する.

2. 生物多様性と生態系サービス

生物多様性の定義は複数あり,生物多様性国家戦略においては,すべての生物の間に違いがあることと定義されている.生物多様性条約においては,すべての生物の間の変異性を指すものであり,種内の多様性,種間の多様性および生態系の多様性を含むと定義される.このように,生物多様性は,遺伝子の多様性,種の多様性,生態系の多様性の3つのレベルに区分される.この3つのレベルでの区分は,生物多様性の経済価値を考える上でも重要である.

遺伝子の多様性とは,同じ種の中でも遺伝子の違いによる多様な個性のあることである.遺伝子が多様であることにより,病気の蔓延や環境変化による絶滅リスクを回避することが可能となる.また,遺伝資源は製薬に利用可能であることから,人々の健康な生活に貢献するとともに,現実の市場での経済活動にも直結する.そのため,生物多様性条約においても,遺伝資源を有する原産国とそれを利用する他国や企業との間での遺伝資源へのアクセスと利益配分の問題が,主要な議題として取り上げられてきた.実際に,生物資源探索を行う際のアクセス料,製薬化などにより利益が発生した際のロイヤリティ配分として,企業から原産国へ支払いが行われる事例も多数報告されている.

種の多様性とは,大型の哺乳類や樹木のような動植物から,目に見えない細菌

に至る様々な生物が生存していることである．地球上に存在する生物種の数は既知のものだけでも約175万種であり，実際には500万種～3,000万種，あるいは少なくとも1億種といった様々な推定値がある．農林水産業などに関わる一次産品となる経済的に有用な種だけでも多数にのぼる．それ以外にも，多くの生物種が人々の生活に正負両面の影響を与えている．また，大型哺乳類の絶滅危惧種などのように，人々が実際にエコツーリズムなどで観賞する機会がなくとも，その生物の存在自体に価値を抱くこと，すなわち存在価値を有することもある．

生態系の多様性とは，砂漠，珊瑚礁，湿地，熱帯林，北方林，草地，都市公園，耕作農地など多様なタイプのバイオーム（生物群系）が存在することである．同一のバイオームであっても，地域によってその性質は異なり，したがって経済価値を考える際にも，地域性の差異が重要な意味を有する．

生物多様性という概念自体は，人間生活にとってのメリットとデメリットを理解することが容易ではない概念である．しかしながら，生物多様性そして生態系というストックから，生態系サービスというフローが供給されるという関係性を考えることにより，人間生活にとってのメリットとデメリットを理解することが容易となる．

国連ミレニアムエコシステム評価において，生態系サービスは基盤サービスと供給サービス，調整サービス，文化的サービスに分類されている．基盤サービスには栄養塩の循環，土壌形成，一次生産などが含まれる．基盤サービスは，その他のサービスの基盤としての役割を果たす．供給サービスは，人々の生活に不可欠である食料や淡水，木材および繊維，燃料などを供給するものである．調整サービスは，環境問題を考える上で最も重要なサービスであり，気候調整や洪水制御，疾病制御，水の浄化などの役割を果たす．文化的サービスは，審美的，精神的，教育的，レクリエーションなどの役割を果たすものである．これらの生態系サービスが，人間の福利に影響を与え，安全，豊かな生活のための基本資材，健康，良好な社会的な絆，選択と行動の自由を保障するのである．

環境経済学においては，人々が食料や生活資材，レクリエーションのために直接または間接に環境財・サービスを利用することの価値を利用価値と定義する．他方，例えば豊かな生物多様性を人々が将来世代に残したいと思うことは遺贈価

値と定義される．自分自身はエコツーリズムなどに出かけて実際に観賞することはないかもしれないが，絶滅危惧種が地球上に生存していることを重要であると思うことは存在価値と定義される．遺贈価値と存在価値は，非利用価値または受動的利用価値とよばれる．さらに，将来のある時点において自分自身が利用価値または非利用価値を受け取ることに対して，現時点で価値を感じることがあるが，それはオプション価値とよばれる．

3. 農林水産業の多面的機能と生態系サービス

　日本では，農林水産業に関連する外部経済や食料安全保障を，多面的機能または公益的機能として整理してきた歴史がある．1972年に森林の公益的機能の全国的評価が代替法によって実施されて以来，農林水産業に関連する多くの評価が実施されてきた（吉田　2006）．農林水産業は自然環境を基盤として，それに対して人為的に働きかけを行うことにより，食料などの供給サービスを人々に提供する産業である．農林水産業の多面的機能（公益的機能）評価において経済評価されてきた個々の機能は，供給サービスに付随する生態系サービスの中でも，おもに調整サービスと文化的サービスに相当するものである．

　農業・農村の多面的機能として，食料・農業・農村基本法では，国土の保全，水源のかん養，自然環境の保全，良好な景観の形成，文化の伝承などが取り上げられている．これらの機能を維持増進するための政策は，1990年代に全国の地方自治体において，すでに萌芽が見られた．それらの事例を全国から収集した上で，全国レベルの農業政策において実現可能である代表的な機能を選別した結果が上記の5分類である．これらの機能分類は，中山間地域農業・農村の公益的機能をCVMにより経済評価した際に考案した分類を基礎とするものである（吉田　1999）．

　国土の保全と水源のかん養は調整サービスとして分類され，良好な景観の形成と文化の伝承は文化的サービスに分類される．自然環境の保全は，生態系サービスのもととなる生物多様性を育むものとして定義することもできる．そして，レクリエーションの場を提供する場合には，文化的サービスの一部として定義することができる．このように，生態系サービスとして国連がとりまとめる数十年前

から，農水省を中心として多面的機能に関する議論を蓄積してきたことが，SATOYAMAイニシアティブとして昇華したと積極的に評価できる．

4．生物多様性と生態系サービスの経済評価

　生物多様性と生態系，生態系サービスを一般の商品やサービスと比較して考えると，多数の消費者が同時に消費を行っても，1人当たりの配分が減少しないという非競合性を有することが特徴である．また，対価を支払うことなく消費を行うフリーライダーを排除できないという非排除性も有する．非競合性と非排除性は公共財が備える重要な性質であり，政府の積極的介入なしには生態系サービスの適切な供給や生態系の維持保全は困難となる．そのため，環境破壊を生じるような公共プロジェクト，あるいは環境保全のための公共プロジェクトの費用便益分析を行う際に，これらの経済価値を組み込むことが適切な意思決定を行う上で必要である．それ以外にも，生態系破壊の費用を算定する局面などにおいて，経済価値の算定が必要な場合がある．それらの社会的要請に応えるため，環境経済学の分野では多様な経済価値評価手法が開発されてきた．

　生物多様性および生態系サービスに関する環境財・サービスを経済学的に評価する手法は多様である．経済評価手法の分類方法も複数あるが，ここでは市場アプローチと非市場アプローチという観点から説明する（Nijkamp *et al.*, 2008）．市場アプローチによる経済評価を行うには，環境財を売買する市場が存在することが前提である．例えばブナ林や珊瑚礁のような特定の生態系が多くの観光客を集めている場合，ツーリズムによる収入が環境財の価値を評価するための手がかりとなる．有用な薬物原材料となる遺伝資源を探索するための生物資源探索契約を，熱帯雨林を有する現地政府と製薬会社が締結するケースがある．その契約金は，生物資源の経済価値を評価するための手がかりとなる．さらに，ワシントン条約や国内法で取引が禁止されている場合を除き，多くの野生動植物は市場における取引の対象となっているため，その市場価格から経済評価を行うことも可能である．もちろん，野生動植物の市場価格の高騰は，希少な野生動物の密猟や高山植物の盗掘の引き金となることもあるため，倫理的な問題を惹起しない場合に限り市場価格が利用できるであろう．

EUなどで実施されているCO_2の排出量取引のように，取引される財（商品）の性質が一様である場合には，市場での価格付けや取引も比較的容易である．しかしながら，生物多様性や生態系サービスの場合には，財の種類も性質も一様ではなく，市場取引は困難であることが一般的である．現実の市場が価値付けに限定的な役割しか果たさない場合には，生物多様性の経済価値を評価するには，非市場アプローチが有効な経済評価手法となる．非市場アプローチには，顕示選好法と表明選好法，選好独立型がある．顕示選好法にはトラベルコスト法，回避支出法，ヘドニック法があり，消費者の支出に反映された環境の経済価値を分離することにより経済評価を行う．表明選好法にはCVM（Contingent Valuation Method：仮想市場評価法）やコンジョイント分析があり，アンケート調査などにより仮想市場での売買を模擬的に実施することにより経済評価を行う．また，代替法は，類似の機能を有する市場財の価格で評価を行うものであり，個人の選好とは独立の手法（選好独立型）として整理できる．これらの環境価値の経済評価手法は一長一短あり，使用するデータも異なるため，評価対象によって使い分けられている．

　顕示選好法の代表的手法であるトラベルコスト法は，レクリエーション地の評価におもに利用される手法である．ヘドニック法は，環境財の価値が地価に反映されるというキャピタリゼーション仮説に基づき評価を行う手法である．回避支出法は防御行動法とも呼ばれ，環境影響が発生した際に，それを防御または回避するために家計が実際に支出した費用を基礎として，環境影響の貨幣価値を評価する手法である．例えば，飲料水の水質悪化により，ボトル入りの飲料水を購入するような場合には，その購入価格が回避支出となる（吉田・金井　2008，楊・吉田　2010）．顕示選好法を利用する際には，環境価値が反映された市場財の価格に関するデータが必要であり，市場財の価格が得られない場合には評価ができないという短所がある．

　表明選好法は，政策などにより改善された環境の受益者に対して支払意志額（willingness to pay）を直接尋ねることにより経済価値の評価を行う手法である．それとは逆に，開発などにより環境が悪化するケースでは，環境被害に対する補償額を尋ねることにより受取意志額（willingness to accept）を評価することが

できる．表明選好法の代表的手法は CVM である．CVM は環境価値を個人に対して直接尋ねるというアイディアの明快さも手伝い，研究蓄積は増加し，政策評価への利用も進んできた．計量分析手法の発展もあり，1990年代後半からはコンジョイント分析が盛んに研究されてきている．CVM やコンジョイント分析はアンケート調査に基づく仮想評価であるため，様々なバイアスの影響を受けることがデメリットとして指摘されている．しかしながら，仮想評価であるがゆえに，あらゆる環境財・サービスを評価でき，非利用価値の評価も可能であるというメリットもある．

　代替法は，環境財・サービスと同様の機能を果たす代替財・サービスの市場価格により置換して評価する方法である．1972年に林野庁による森林の多面的機能評価が公表されて以来，森林に加えて農業・農村や水産業・漁村の多面的機能評価にも盛んに適用されている．ところが，農林漁業の多面的機能に相当する適切な代替財がない場合には，評価は困難となるため，最新の評価結果においては，生物多様性と生態系に関する機能は評価対象とはなっていない．

5. 生物多様性の経済評価とTEEBにおける議論

　生物多様性に関連する経済評価事例は多く，世界中の評価事例を収集したインベントリも増加してきているが (McComb et al., 2006)，生物多様性自体を評価することは困難な側面を有する．生物多様性に関連する評価事例の多くは，生態系・生息地保護という評価フレームワークを使用するか，あるいは生態系サービスというフローに変換した上で評価されることが多い．

　生物多様性条約第9回締約国会議において，パバン・スクデフ氏をリーダーとする「生態系と生物多様性の経済学 (TEEB)」の中間報告が注目を集めた．TEEB は，ドイツのポツダム市において2007年に開催された G8+5 環境大臣会合における提案を受けて，EU とドイツ政府が開始したプロジェクトである．その目的は，生物多様性の地球規模での経済的便益に人々の関心を集め，生物多様性の損失と生態系の劣化に伴い増加する費用を際立たせ，科学と経済学，政策分野からの専門的知見を引きつけ，前進するための実践的な行動を可能にするための主要な国際的イニシアティブの構築にある．

TEEB は，科学と経済学の基礎に関する D0 に始まり，以降 D1～D4 のパートに分けてプロジェクトは進行してきた．D1 は政策担当者のための政策評価，D2 は地方政府のための意思決定支援，D3 はビジネスリスクと機会，D4 は市民と消費者の所有がテーマである．報告書ならびに出版物としては，2008 年 5 月にボンで開催された生物多様性条約 COP9 にて"TEEB Interim Report"がまず公表された．2009 年 9 月には"TEEB Climate Issues Update"，2009 年 11 月に"TEEB for National and International Policy Makers"，2010 年 7 月に"TEEB for Business"，2010 年 9 月に"TEEB for Local and Regional Policy Makers"，2010 年 10 月に"TEEB-Ecological and Economic Foundations"が刊行された．

TEEB の具体的な目的は，生態系サービスの真の経済的価値への理解を深め，この価値を適切に計算するための経済的ツールを提供することにある．第 1 段階として，生態系と生物多様性の重要性を理解し，現在世界各地で進行している破壊と損失を逆転させるための行動を起こさなければ人間の生活が脅かされることを例証している．第 2 段階として，生物多様性を分析するための適切なツールと生物多様性を保全するための効果的な政策を設計するために，どのようにこの知識を使うべきかが例証されている．

第 1 段階では，現在認識されていない生態系サービスの価値を評価し，新しい市場と適切な政策手法を開発することにより，生態系の破壊にかかる費用を把握するとともに，生態系サービスの費用と便益を測定することが目標の 1 つとして掲げられている．第 2 段階では，サービスの供給と使用に対して取引可能な価値を与えるコンプライアンス市場を推奨することが第 1 の目標として掲げられている．コンプライアンス市場とは，環境関係の法律や規制を遵守する過程で生じるプラス・マイナスを取引する市場であり，生態系サービスへの支払い（Payment for Ecosystem Services：PES）も含まれる．さらに，第 1 段階で深く調査されなかったバイオームやオプション価値，遺産価値などを含む，「推奨される経済評価手法」を詳しく調査し，公表することが目標として掲げられている．

TEEB では，経済評価に対して重要な位置づけが与えられ，議論が展開されている．経済評価の枠組みとして，以下の 6 点の重要性が指摘されている．1）生物多様性の諸原因を調査する．2）政策決定者が直面する代替策と代替戦略を評

価する．3）生物多様性を保全するための対策の費用と便益を調査する．4）リスクと不確実性を明確化する．5）場所を明確にする．6）生物多様性の損失と保全の様々な影響を衡平に配分することを考慮する．

つぎに，TEEB における生態系サービス経済評価のベスト・プラクティスの根本的原則を要約すると，以下のとおりになる．1）1 つの生態系の総価値よりも限界的な変化に絞るべきである．2）生態系サービスの経済評価は特定の状況と生態系に限定し，生態系の初期状態に関連するものでなくてはならない．3）便益移転における良い実践は，生物多様性の経済評価に合致させる必要がある．4）諸価値は，受益者の観点や理解により導かれるべきである．5）一般参加型アプローチと地域コミュニティの優先事項を採用する方法により経済評価をより受け入れられやすくできる．6）回復不可能性と回復力の問題に留意する必要がある．7）生物物理学的な諸連環が経済評価の作業を助け，その信頼性向上に寄与する．8）生態系サービスの経済評価には必然的に不確実性があるため，感度分析を実施すべきである．9）経済評価は，対立し合う目標とトレードオフとに光を当てることができるが最終結論とは限らない．

2010 年 10 月に名古屋で開催された COP10 にあわせて，TEEB の統合版最終報告書が公表された．タイトルは，「自然の経済学を主流にする（mainstreaming the economics of nature）」であり，その主要な結論の 1 つとして，多段階アプローチによる価値付けが推奨された．多段階アプローチの方法は，第 1 段階：価値を認識する（recognizing value），第 2 段階：価値を証明する（demonstrating value），第 3 段階：価値をとらえる（capturing value）である．

第 1 段階は，生物多様性に価値があることを人々が認識することである．場合によっては，人々が価値を認識するだけでも保護や持続的利用は達成されることが示された．第 2 段階は，生物多様性保護の費用と便益を経済的価値に変換し，人々に生物多様性の価値を示すことである．そして，第 3 段階は，経済的インセンティブや価格シグナルを通じて，生物多様性の価値を政策やビジネスの意思決定に取り込むことである．その場合に，経済効率性だけではなく，世代間・世代内の公平性も考慮することが重要であることが示された．

TEEB においては，経済評価を実施することがもたらす政策的意思決定やビジ

ネスへの影響などが，多岐にわたる観点から論じられている．生物多様性や生態系サービスの経済評価は，地域固有の社会情勢などを反映しているが，より良い政策立案のための経済的価値付けに関するガイドラインを公表したことは，TEEBの果たした重要な貢献である．

6. 奥会津森林生態系保護地域の経済評価

福島県奥会津地方の森林生態系保護に関する経済評価事例を紹介する．本研究は，地方・地域政策担当者向けに編纂された"TEEB for Local and Regional Policy Makers"にも取り上げられた．本研究は，保護地域のゾーニング政策についてコンジョイント分析を適用し，地元と全国の住民を対象として経済評価を行った事例である．

国有林野では，原生的自然環境の維持，動植物の保護，遺伝資源の保存などを目的として，各種保護林が設定されている．保護林の1つである森林生態系保護地域の目的は，原生的な天然林を保存することにある．森林生態系からなる自然環境の維持，動植物の保護，遺伝資源の保存，森林施業・管理技術の発展，学術研究などに資することを目的として，全国29カ所495千haが森林生態系保護地域に指定されている．森林生態系保護地域以外には，森林生物遺伝資源保存林，林木遺伝資源保存林，植物群落保護林，特定動物生息地保護林，特定地理等保護林，郷土の森がある．国有林野総面積7,686千haの内，合計841カ所781千haが保護林に指定されている．

森林生態系保護地域は，森林生態系保護のためのゾーニングであり，保護の中心となる保存地区（コアゾーン），コアの森林に外部の影響を及ぼさない緩衝帯の役割を担う保全利用地区（バッファーゾーン）によって構成される．保護地域の周囲には，複数のコアゾーン間を接続する緑の回廊が設定されている．奥会津森林生態系保護地域においては，保存地区7,715haと保全利用地区76,175haの合計83,891haが指定されている．当該地域における緑の回廊の面積は161,798haである．保存地区は学術研究などを除き，原則として人々の立入が禁止となる厳格な保護地域である．保全利用地区は，国土保全・レクリエーションのための工事・道路整備，自家消費程度の山菜・キノコの採取，風倒木などの搬出が許可さ

れた保護地域である．緑の回廊は，野生動植物の生息地を結ぶ移動経路を確保するために指定された森林地帯である．個体群の交流を促進し，種の保全と遺伝的多様性を確保するためのものであり，利用制限や立入制限はない．

奥会津地域には，多くの野生動植物の生息地が残されており，イヌワシやクマタカ，カモシカ，クロホオヒゲコウモリなどの絶滅が危惧される種も多く生息している．植生としては，標高 1,600 m 以上に出現する亜高山性針葉樹林，標高 800〜1,500 m の間のブナ林に代表される冷温帯落葉広葉樹林帯，400〜800 m はコナラ，ミズナラ，アカシデなどの中間温帯林と変化している．特にブナ林は日本でも有数の規模を誇る．

奥会津森林生態系保護地域のゾーニング政策にかかる経済評価には，表明選好法の 1 つであるコンジョイント分析を適用した．コンジョイント分析は，複数の属性を考慮した代替策や代替戦略を評価することができ，自然環境の限界的変化に応じた支払意志額が得られる．つまり，森林生態系保護地域のゾーニングを変更する際に，指定面積を 1 単位あたり増減させることに対応した限界支払意志額が得られる．コンジョイント分析においては，3 種類の仮想的保護計画と現状維持（保護地域指定なし）1 つを選択肢集合として回答者に提示し，その中から 1 つを選択する方式を採用した．仮想的保護計画におけるプロファイル（個々の計画案）には，森林生態系保護地域において実際に指定されている「保存地区」，「保全利用地区」，「緑の回廊」という属性の他に，負の生態系サービスに関する仮想属性「鳥獣被害対策地区」と価格属性である「基金への年間寄付金額」を設定した．保存地区は立入禁止地区であり，回答者の受動的利用価値が反映され，保全利用地区と緑の回廊には，利用価値と受動的利用価値が反映される．また，地域住民にとって，鳥獣被害という負の生態系サービスは日常生活と農林業への重大な脅威であるため関心も高く，鳥獣被害対策面積を属性の 1 つとして設定することとした．

森林生態系保護地域の経済評価のため，地元の福島県只見町の住民と全国の一般市民を対象とした 2 種類のアンケート調査を 2009 年 12 月に実施した．森林生態系サービスの直接的受益者である地元住民，そして主として受動的利用価値の受益者である全国の一般市民を母集団として，ほぼ同一内容のアンケート調査を

表1 限界支払意志額と保全シナリオ別支払意志額

限界支払意志額	只見町調査	全国調査
保存地区	0.0860 円/ha	0.0910 円/ha
保全利用地区	0.0161 円/ha	0.00397 円/ha
緑の回廊	0.00765 円/ha	0.00101 円/ha
鳥獣被害対策地区	1.16 円/ha	0.188 円/ha
支払意志額	只見町調査	全国調査
＜現状シナリオ（鳥獣被害対策含む）＞ 保存7,715ha, 保全利用76,175ha, 緑の回廊161,798ha, 鳥獣対策500ha	3,706 円	1,261 円
＜現状シナリオ（鳥獣被害対策除く）＞ 保存7,715ha, 保全利用76,175ha, 緑の回廊161,798ha, 鳥獣対策0ha	3,127 円	1,168 円
＜保護シナリオ＞ 保存83,890ha, 保全利用0ha, 緑の回廊161,798ha, 鳥獣対策0ha	7,216 円	7,630 円
＜保全利用シナリオ＞ 保存0ha, 保全利用83,890ha, 緑の回廊161,798ha, 鳥獣対策0ha	1,349 円	333 円

出所：吉田謙太郎 2010. 生物多様性の経済評価と生態系サービスへの支払い. 環境情報科学 39(3):31.

実施した．インターネットによる全国の一般市民を対象としたアンケート調査は，（株）マクロミルに依頼し1440人分の回答を得た．福島県只見町を対象としたアンケート調査は，地元のNPO法人に依頼した．900戸に戸別配布し，558通（62％）を郵送により回収した．

アンケート調査によって得られた2種類のデータから，条件付ロジットモデルを適用することにより係数を推定し，各属性1haあたりの年間限界支払意志額を得た．表1には，限界支払意志額に加えて，現状の森林生態系保護地域面積に相当するゾーニングを行った際の1人あたり年間支払意志額，そして代替的保護計画（シナリオ）別に計算した支払意志額を示した．

厳格な保護を適用する保存地区に対する限界支払意志額は，全国調査（0.0860円）と只見町調査（0.0910円）においてほぼ同等の金額であった．ところが，保全利用地区と緑の回廊には，地元の只見町において高い金額が得られた．また，

負の生態系サービスを防止する鳥獣被害対策については，正のサービスを促進する保護政策よりも，単位面積あたりでみると高い限界支払意志額が得られたことが特徴的な結果である．

限界支払意志額に各属性の面積を掛けることにより支払意志額が得られる．つまり，想定される複数の保護シナリオに対応した支払意志額が得られることから，費用便益分析に利用しやすいというメリットを有する．表1には4種類のシナリオ別の支払意志額を示した．1つは，現在の奥会津森林生態系保護地域の面積と同じ保護地域を設定した場合の支払意志額である．現状シナリオは，仮想属性である鳥獣被害対策面積の有無により2つのシナリオに分けた．他の2つは，保護を優先したシナリオと利用を優先したシナリオである．保全利用地区をすべて保存地区に変更する保護シナリオの支払意志額は，全国，只見町ともにほぼ同額であった．他方，現状シナリオでは，全国の支払意志額は只見町の3分の1に過ぎなかった．このことから，地元以外では厳格な保護による生態系保護を求めるが，地元では生態系サービスの利用と生態系の保護の両立をより強く求める傾向のあることが明らかとなった．

TEEBでは，総経済価値よりも限界的変化を評価すべきとしているが，参考までに，総経済価値を示すことにする．支払意志額に母集団の世帯数を掛けると，総経済価値が得られる．総経済価値を推計する際には，母集団サイズの差が大きく影響する．鳥獣被害対策地区を除く現状シナリオに基づき推計した結果，只見町が年間約600万円，全国が年間約600億円となった．

この結果から，日常的に森林生態系サービスを受けている住民よりも，地元以外の人々の意見が大きな影響力を持ちうることが理解される．全国民の総経済価値と比較すると，地元の人々の価値は小さい．しかしながら，直接的に森林生態系を保全・利用している人々の伝統的知識に基づく森林生態系との関わり方，そして彼らの意見は含蓄に富む．森林生態系の直接的利害関係者の意見を十分に考慮した上で，保護計画を立てることの意義が示唆される結果である．

7. 経済評価と生態系サービスへの支払い

生物多様性と生態系サービスを経済評価することの主要な目的の1つは，公共

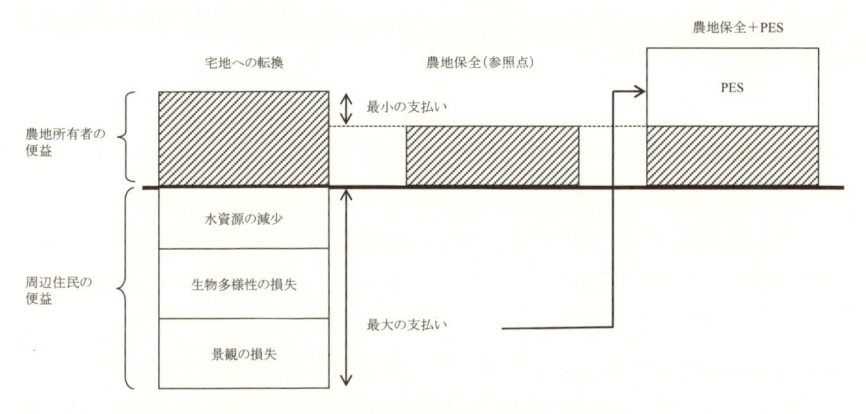

第9章　農林水産業に関する生物多様性と生態系サービスの経済価値評価　　（ 187 ）

図1　農地保全と生態系サービスへの支払い
出所：吉田謙太郎　2010. 生物多様性と生態系サービスの経済学的評価. 農村計画学会誌 29(2)：135.

プロジェクトの費用便益分析への利用である．しかしながら，市場メカニズムを活用して，生物多様性や生態系サービスを取引し，あるいは保全活動を行う事例が増加するとともに，経済評価が利活用される機会は増加し，その重要性に対する認識も高まると考えられる．PESあるいはPESに準ずる生態系サービス保全のための支払いは世界的に増加している．企業が生物多様性オフセット活動を行う際など，住民の選好に基づくPESプログラムを実施する際には表明選好法を使用することも，合意形成のためには有効な手段の1つである．

　Engel et al.(2008)は，PESには「生態系サービスそのものに対する支払い」，そして「生態系サービスを保証する土地利用に対する支払い」の2種類があると指摘している．PESの定義は，「明確に範囲が定められた環境サービス，またはそれらのサービスを担保する土地利用が，サービスの供給者から購入者へ販売されるという自発的な取引」である．しかしながら，現状においては，PESという用語は市場をベースとした多様な保全メカニズムの呼称として使用されている．FSC（Forest Stewardship Council）などの環境認証，国立公園やエコツーリズムの入場料なども含まれ，最近ではより広義に使用される傾向があると指摘されている．

　図1は，Engel et al.,（2008）を参考として，PESの仕組みを棒グラフ形式で

図示したものである．中央の斜線が入った棒は，農地を農業利用している際に得られる農地所有者の便益である．そこを初期状態（参照点）として設定する．その左の棒に示されているように，農地を宅地に転換した場合，農地として利用するよりも一般に多くの便益が得られる．その場合，農地転用に関する法規制がなければ，農地所有者には農地を宅地に転換するインセンティブが働く．

しかしながら，宅地に転換された場合，農地の周辺で生活する住民は，農業の外部経済として対価を支払わずに得ていた水資源，生物多様性，景観が損なわれることにより損失を被ることになる．宅地への転換による便益と農業利用による便益の差額（最小の支払い）よりも，もし周辺住民が失う便益（最大の支払い）が大きければ，最小の支払いを上回る資金（PES）を農地所有者に支払うことにより，外部経済を損なわずに済む．さらに，農地所有者にとっても宅地転換という機会費用以上の金額を補償されるため，農地を保全するインセンティブが働く．

TEEBにおいても，PESは重要なトピックとして取り上げられている．PESのメリットとして，PESは需要を創造できること，そして生物多様性を害し，持続可能な発展を阻害している既存の不均衡を修正するために，必要な市場原理をつくり出すことができるとしている．その事例として，コスタリカにおける森林保全のための環境サービス給付金（PSA）プログラム，米国政府やEUにおける環境保護のための直接支払い，湿地ミティゲーション・バンキング，絶滅危惧種クレジットやヴィッテル社の持続可能な農法を採用する農家への報酬の支払いがあげられている．

林・伊東（2010）は，日本のPES事例として森林環境税や中山間地域等直接支払制度を取り上げている．森林環境税は，森林の有する供給サービスや調整サービスに対して，受益者である県民が対価を支払う形式のPESとして理解される．また，中山間地域等直接支払制度や地方自治体の環境支払いの費用便益分析を行うために，CVMやコンジョイント分析を利用した事例もある（吉田　2003a，吉田　2003b，吉田　2004）．

中山間地域等直接支払制度や農地・水・環境保全向上対策は，日本全国において実施されており，農業・農村の生態系サービスの維持向上に貢献している．たしかに，これらの政策はPESとして定義できる側面を有するが，前者の主目的

は条件不利地域との生産費格差是正である．耕作放棄防止により間接的に生態系サービスを維持向上させる役割や，景観保全面での直接的効果もあるが，必ずしも生態系サービスの維持保全が主目的とはなっていない．後者の多くは，集落機能の低下により劣化してきた農地・農業用水の補修のように，共有の農業資源の維持管理などを目的としている．これらの政策についても，PES の意義を理解し，その本来の趣旨に沿った事例が増加することにより，二次的自然がもたらす生態系の質が一層向上することになると期待される．

　多面的機能の便益の大部分は，地域内の狭い範囲内で発揮されることが多い．PES において重要である受益者負担の側面が，上記の政策によって担保されていない場合も多いと考えられる．上記の政策には，農林水産省と地方自治体によって助成されているが，そこに生態系サービス保全への受益者の支払意志が間接的にでも反映されていることは，PES が成立する上での重要な要件であろう．例えば，2005 年にラムサール条約に登録された蕪栗沼・周辺水田では（嶺田ら　2009），冬期湛水田（ふゆみずたんぼ）による生物多様性保全を直接の目的とし，農地・水・環境保全向上対策を利用している．その受益範囲が全国的であることは CVM 調査などにより確認されており，PES としての要件を十分に備えていると考えられる．また，1992 年に高知県梼原町において始まった棚田オーナー制度は，全国に広く普及した棚田保全手法であり，個人の支払いや中山間地域等直接支払制度などを利活用しつつ制度が運用されている（寺田・吉田　2005）．また，熊本市が実施している白川中流域の水田を活用した地下水かん養事業も PES の観点からは興味深い事例である（山根ら　2003）．このような事例を収集することにより，農業における PES を有効に機能させるための仕組みを考える必要がある．

　水源となる森林保全のための地方環境税については，税額決定時の基礎資料，あるいは住民の賛否を明らかにするために CVM が利用されることも多い（吉田2003a，吉田　2004）．森林環境税は地方自治体が実施主体となることから受益者負担の側面が十分に意識されている．神奈川県の水源環境保全税を導入する際には，神奈川県庁と筆者らが県民を対象とした CVM を実施し，月額 306 円（年間 3,672 円）の評価額を得た．この支払意志額を参照点として課税額の検討が進められ，県議会での審議を経て，2007 年度から平均 950 円が県民税超過課税と

して課されている．神奈川県は人口が多いため，他県とは異なり税収も多く，2008年度の税収規模は4,378百万円に達している．

　2003年度の高知県における森林環境税導入以来，水源・森林保全のための地方環境税は30の自治体において導入されている．ところが，県民税超過課税の仕組みを活用した便利な徴税システムとして，一種のブームとなってきた側面があることは否定できない．生態系サービスの保全というよりは，従来からの林業対策の拡充に充当される場合もある．また，税収の少なさもあり，広報活動などに税金の使途が限定されることも多い．したがって，本格的なPESの事例として森林環境税を取り上げるには，個々の自治体が実施している制度内容を深く掘り下げて検討する必要がある．

　水源林保全に関しては，横浜市や豊田市，東京都のように水道料金から森林保全のための資金をまかなってきた先駆的事例もある．また，神奈川県のように地方環境税導入以前より，水源となる森林保全のための複合的な政策を実施してきた自治体もある．現行の森林保全目的の地方環境税は，地域における総合的な環境政策を将来にわたって実施するための枠組みとして潜在力を有していると考えられる．持続的な環境保全のための制度設計に向けて，多様な政策事例のメリットとデメリットをPESという観点から検証することは，研究面からのアプローチとしても重要である．

8. おわりに

　本稿では，生物多様性と生態系サービスの経済的価値とその評価，そしてPESへと続く一連の課題について検討してきた．生物多様性条約第10回締約国会議において名古屋議定書と愛知ターゲットが採択され，TEEBの最終報告書が公表されたこともあり，日本においても生物多様性と生態系サービスをめぐる議論がさらに活発になることが予想される．TEEBは生物多様性版スターン・レビューと称され，生物多様性と生態系サービスの経済学に関する議論を網羅している．「目に見えない自然の価値を，市場経済の中で見える化する（Make Invisible Visible）」というスローガンは一般市民にとっても理解しやすく，多段階アプローチとともに，今後の経済評価の利活用に関する議論に大きな影響を与えるであ

ろう.

　農業分野においては，1990年代初頭より，多面的機能評価または公益的機能評価として生態系サービスの経済評価研究が盛んに行われてきた．1990年代後半以降は，現実の公共事業の費用対効果分析にもそれらの成果が利用されるようになってきた．また，90年代の研究の興隆に刺激される形で，2000年以降は農村景観や生物・生態系に関連する政策が次々と実施されてきた．SATOYAMAイニシアティブに象徴される二次的自然の保全に注目が集まる中，今後は，農山漁村における生物多様性と生態系サービスの問題について，既存の政策の中だけで議論するにとどまらず，日本全体の生物多様性と生態系，生態系サービスとの相互連関を意識しつつ議論することが求められるだろう.

　TEEBにおいて推奨される経済評価ベスト・プラクティスの根本的原則においては，生態系の「初期状態」との関連性についても言及されている．このことは里山や農地などの二次的自然の評価を行う際に重要な視点である．限界集落の問題を取り上げるまでもなく，農山漁村の環境の質が徐々に劣化していく中で，どの時点を参照点として保護・保全活動を行うべきかを客観的に明らかにしていくことも，重要な研究および政策課題である.

　農業・農村の多面的機能，森林の多面的機能，中山間地域等直接支払制度，森林環境税といった用語は我々にとって馴染みの深いものである．これらの政策や概念を，生態系サービス，あるいは生態系サービスへの支払いといった観点で再整理することが次のステップである．国際的議論の場においても通用する共有の概念として，日本の農林水産業および農山漁村の果たす様々な役割を，国際的に発信し続けることは今後の重要な課題である.

引用文献

Engel, S., S. Pagiola and S. Wunder 2008. Designing Payments for Environmental Services in Theory and Practice : An Overview of the Issues. Ecological Economics. 65 : 663-674.

林希一郎・伊東英幸　2010. 生態系サービスへの支払い（PES）（林希一郎 編『生物多様性・生態系と経済の基礎知識』，中央法規，東京）172-192.

McComb, G., V. Lantz, K. Nash, and R. Rittmaster 2006. International Valuation

Databases : Overview, Methods and Operational Issues. Ecological Economics. 60 : 461-472.

Millennium Ecosystem Assessment 編, 2007. 国連ミレニアムエコシステム評価 生態系サービスと人類の将来，横浜国立大学 21 世紀 COE 翻訳委員会訳，オーム社，東京.

Nijkamp, P., G. Vindigni and P. Nunes 2008. Economic Valuation of Biodiversity : A Comparative Study. Ecological Economics. 67 : 217-231.

寺田憲治・吉田謙太郎 2005. 棚田オーナー制度の持続性に関する要因分析，農村計画論文集 7 : 211-216.

山根史博・浅野耕太・市川勉・藤見俊夫・吉野章 2003. 熊本市民による地下水保全政策の経済評価—上下流連携に向けて—，農村計画学会誌 22 (3) : 203-208.

楊珏・吉田謙太郎 2010. 水道水水質向上への支払意志額の視点から見る中国の水道事業民営化に関する研究，長崎大学総合環境研究 12 (2) : 57-68.

吉田謙太郎 1999. CVM による中山間地域農業・農村の公益的機能評価，農業総合研究 53 (1) : 45-87.

吉田謙太郎 2003a. 表明選好法を活用した模擬住民投票による水源環境税の需要分析，農村計画学会誌 22 (3) : 188-195.

吉田謙太郎 2003b. 選択実験型コンジョイント分析による環境リスク情報のもたらす順序効果の検証，農村計画学会誌 21 (4) : 303-312.

吉田謙太郎 2004. 環境政策立案のための環境経済分析の役割—地方環境税と湖沼水質保全—，家計経済研究 63 : 22-31.

吉田謙太郎 2006. 農林漁業の多面的機能とその支援方策の特徴と課題，北日本漁業 34 : 35-44.

吉田謙太郎・金井荘平 2008. 回避支出法と選択実験による飲料水水質の経済的評価，環境経済・政策研究 1 (2) : 64-75.

吉田謙太郎 2010. 生物多様性の経済評価と生態系サービスへの支払い．環境情報科学 39 (3) : 27-32.

吉田謙太郎 2010. 生物多様性と生態系サービスの経済学的評価．農村計画学会誌 29 (2) : 132-137.

あとがき

磯貝　彰
日本農学会副会長

　農業は，かつて日本では，百姓（これは蔑称などでは決してなく，むしろ尊称なのである）という名の色々な技能，知識，能力を持ったものでなければ出来ない，水と土と植物（あるいは他の生物）からなる複雑な総合技術体系であった．それは自然の中で営まれ，自然と一体であったと言える．それが単純化され，機械化される中で，生産性中心の産業に進化（変化）していった．これは一般的には，農業の生産体系の発展と呼ぶのだろう．その過程に農学という科学や科学技術が関与してきたことはいうまでもない．世界のレベルで見れば同じように農業は発展し，結果として農業生産は増加し，それを基盤に人口は増え，またさらに，農業生産の増強が期待されてきた．こうして農業は単作化，あるいは単一品種栽培の傾向を強めていった．農業は部分的には多様な生態系のあり方を破壊する形で発展してきたと言える．

　今，世界でも農家人口の減少の中で，多くの市民は農業という現場を知らない状況にあり，しかしながらその食糧生産に頼って生きている．日本では，国内での農家人口の減少に加え，世界からの食糧輸入という形で人々は生きており，さらにいっそう農業という現場からは離れている．その一方で，地球の未来という観点からの環境問題や生態系の多様性について，その維持や保全が必要であるとして，興味を持つ人々が増えてきている．では，生態系は無条件に維持・保全されるべきであるのか．農業の発展と生態系の保全は両立するのか．

　こうした中で，平成22年秋に日本でCOP10が開催される機会に，日本農学会

では，あらためて，農学の立場から，農林水産業と生物多様性について考え，また，これからの農業の形について，あるいは意味について考えるシンポジウムを開催することになった．その趣旨については大熊幹章会長の「はじめに」で述べられている．

　本シンポジウムでは，9人の講演者による講演が行われたが，それらは大別して3部に分けることが出来る．第1部では，基調講演と位置づけられる「農林水産業における生物多様性」として，東京大学の武内和彦先生には生物多様性条約とSATOYAMAイニシアティブについて，また，愛媛大学の日鷹一雅先生には農山漁村の生物多様性の診断と管理について話をしていただいた．第2部では，生物多様性の利用という観点からの「農林水産業を支える生物多様性の利用と価値」というサブテーマで，北海道農業研究センター辻博之先生には作物生産における生物多様性の利用について，森林総合研究所の津村義彦先生には森林の遺伝的多様性の保全と森林管理について，東京海洋大学の北田修一先生には，栽培漁業の遺伝的影響評価と多様性管理について，また，東京農工大学の豊田剛己先生には，農耕地土壌における微生物多様性の評価手法とその利用について，話をしていただいた．さらに第3部では，農村空間という現場での活動として「生き物の賑わう農村空間の保全と再生」というサブテーマで，秋田県立大学の端憲二先生には，水田地帯の魚類生態系保全と地域の活性化について，農業環境技術研究所の山本勝利先生には複合生態系としての農村ランドスケープと生物多様性について，また，長崎大学の吉田謙太郎先生には生物多様性と生態系サービスの経済的評価について，講演いただいた．それらの講演の具体的内容は，すでに，本書で詳細に述べられている．

　筆者が本シンポジウムで聞きたかったこと，あるいは知りたかったことはいくつかある．まず，生物多様性は，遺伝的多様性，種の多様性，生態系の多様性であるとされており，一方，生物多様性の実態としての生態系のサービス機能としては，供給サービス，調節サービス，文化的サービス，基盤サービスなどであるとされる．こうした諸々の観点からの生物多様性に，農学というのはどういう点

で，どのように関わりがあるのかということである．特に，これまで生物多様というと，その保全が中心課題とされてきた印象があるが，農学という学問が生物多様性をもった生態系の各種のサービス機能を人間生活に活用する立場であることを考えたときに，保全するという観点からの学問とどう違ってくるのか，また生物多様性の評価という視点でも，農学からの視点は，他の学問領域からの視点とは違っているのかどうか（これは端的に言えば，生態学者の見る生物多様性と農学者の見る生物多様性は同じことなのかということでもある）ということにあった．即ち，農業は遺伝形質の多様性，種の多様性など，生物多様性を利用しつつ発展してきた．しかしながら，生産系としての農業は生態系の多様性を著しく阻害する方向で集約的な産業として発展してきた事も事実である．そうした観点から，農業の発展と生態系の生物多様性とは，同じベクトルを持ちうるのであろうかという疑問がわいてくる．すなわち，生態系の多様性（を増す作業）は，農業生産性を上げることに繋がるのか．また，農業生産性を上げることは結局，多様性を下げる方向にしかならないのかということに，それぞれの専門の研究者はどう考えていくのかということがある．こうした生産体系としての農業という視点以外に，多様な生態系サービスを活用する産業として農業を位置づけ，それらの効果を妥当な金額に換算してそれらの生産性を総体として計算したとき，生態系あるいは生物多様性が維持される方策が望ましいという結論が出るのかどうか．また，政策的にそれを実行しようとするとき，どんな問題があるのか．農業という総合産業の総合評価システムはどんなものがありうるのか．また，食糧増産の必要性が叫ばれるときに，農業にはそうした総合的な評価システムが重要であるということを，農学（者）は主張できるのか，というようなことも聞いてみたいことであった．

　本講演の各演者には，それぞれの立場から，筆者のこうした疑問などに答えてくれるような発表をしていただいたと思っている．その上で，各講演に引き続いた総合討論では，武内先生を除く8人の演者と司会者である筆者によって各演者が話し残したことを中心に議論が進められた．その総合討論の中で出てきたいくつかのことをここにまとめておく．

　日鷹先生は，農業あるいは農学から見た生物多様性について，「Biodiversity

という言葉は，1986年にE.O.ウイルソンがいいだした言葉だが，守るという立場と，利用・活用する立場の眼差しがゆれている．生物的防除法などを用いた無農薬栽培についても，その生態系への影響評価は農学者がやらないといけない．実際の現場で農家やそこで暮らしている人とコミュニケーションをとって，それをやっていくのが農学の道ではないか」と述べられた．

辻先生は，生物多様性の評価や輪作体系の問題について，「研究者の中での評価の共有化が重要であること，また，多様性を活用した輪作体系などについても，生産性についての評価はあるが，その結果，生物多様性にどういう影響があるかという意味での評価のシステムはまだ十分ではない」と話された．

津村先生は，樹木の遺伝形質の多様性について，「樹木は挿し木などで増やしていくが，遺伝子型はヘテロであり，林業のためには優良な木の交雑で優れた形質のものを作っていく必要がある．またそのためにも，それぞれの地域に適した遺伝子型を見つける必要があり，天然林の構造を維持していくことが必要である．特に広葉樹については，ガイドラインもないので重要である．また，日本の樹木生産としての林業は衰退しており，不成績な造林地は元に戻すことなども含めて，多様性の保全のための森林を確保すべきである」と述べられた．

北田先生は，栽培漁業と魚類の生物多様性の問題について，「マダイは百数十匹の親から種苗生産をして放流していたので，海の魚の生態系への影響が出ているが，今は，天然魚を交配して多様なものを作る努力をしている．他の魚類については，放流魚の遺伝的多様性は大きいので栽培漁業の影響が生態系には現れていない．漁業が養殖から育種になっていくと，ウナギのように陸上で育てれば問題はないが，海ではそれが逃げていくという問題があり，気をつけていくがある．現実にヨーロッパでは，海にいるアトランティックサーモンの4割は，養殖由来であるという話もある」という話をされた．

豊田先生は，地力と微生物の多様性という問題について，「有機物を入れることによって微生物が増え，その結果，それを食べる原生動物やセンチュウが増えて，養分供給量が高まり作物生産性が高まると考えられるが，実際には，作物の養分供給源は主に肥料であり，現在の作物生産体系では，地力と微生物の多様性を直接結びつけるのは難しい」といわれた．

端先生は，農業水利という立場から水田でサカナを使う耕作方法の日本あるいは世界での現状について「タイなどはこうした試みは良くやられているようだ．また，日本でもあちこちで試みられている．理想型とは言えないが生物多様性を守る農業という意味での次善策としては，水害を防ぐ機能と連携させて整備を進めていくことがあってもいいのではないか」と話された．

山本先生は，里地里山という観点から農業と生物多様性を見ると言うことについて，また会場からの質問に対して，「都会から離れた農村の状態と都会に近い農村の状態では問題がやはり違っている．生物多様性や自然資源を守るための資金をどうやって獲得するかも，それぞれで違っている．都会に近い場合は人はいるので，その人達をどう巻き込むかであろう．農業をランドスケープという観点で見て，全体の生態系の多様性の価値を見るためにも，農業が続いていく必要があり，農業としての経済的な持続性を維持するためには，単に田んぼの収量をあげるということにとどまらず，田んぼ全体が機能していくような総合的な対応や支援が必要であろう」と述べられた．

吉田先生は，生態系サービスを経済的な立場からどう評価するか，また，それを誰が負担するのかということについて，「北極や南極の場合と同じように，それ自身に価値を求め，それにかかる費用を誰が負担するかということについては，受益者やステークホルダーを特定していくことが必要で，CO_2の場合では，排出権取引の市場が整備されてきている．また，今年のCOP10では経済的な価値とか，利益の配分という問題があり，その議論を整理することが主要な課題になるであろう」といわれた．

そのほか，その後の討論で吉田先生からは，最近，農業や生物多様性に関心を持つ人が増えてきているが，農業が人々の食糧を得るための重要な産業であるという観点が落ち，農業の環境面だけが取り上げられていることがある．農学分野の人間としては研究面，政策面から，正確に他の分野の人に，農業の本質を伝えていく努力が必要である．ということが追加された．また，山本先生からは，農業と生物多様性の問題もグローバルな立場で議論していくことが必要である．COP10で，「アジアの熱帯林を保護するためには先進国が単収を上げなければいけない」というような話もあった．という報告が付け加えられた．

最後に，三輪睿太郎副会長は「納税者が納得することに金を使うことは出来る．しかしその場合，政策に理念が必要である．生物多様性も学術面への期待は大きいが，生態系の多様性と，種および遺伝子の保全というのは必ずしもパラレルではない．農業の場での生物間相互の応答・作用と各個別の生物の生活史などについての学問をもっとやって行くことが，それを政策への導入するときに有効である．長い間の課題でありながら，農業からみるとつかみ所がなかった生態学を生物多様性の解明ということをきっかけにして充実・発展させて欲しい」という話で全体をまとめられた．

　このシンポジウムは農学の対象としての生物多様性を中心としたものであるが，それを研究する主体としての農学もまた，生物学，化学，工学，経済学などを基盤とした多様な学問体系からなる．また，対象とする生物群も，栽培植物，林木，陸上動物，海産生物など，多様である．したがって，本シンポジウムの内容も結果的にきわめて多様なものとなっている．生物多様性が，それらの相互作用によって保全されている状況の中で，農学と言う学問体系も，それぞれの分野や研究が相互に干渉しあいながら，生物多様性の研究に取り組む必要があるのではないだろうか．また，こうした学問体系の多様性を守りうる大学を中心とした学術大系の維持もまた重要である．こうした学術大系によって，生物多様性に支えられる農学および農業であると同時に，次の世代の人類のための生物多様性を支える農学あるいは農業であることが実現するのではないだろうか．また，こうした生物多様性は，日本という一つの限られた地域の中での問題ではなく，当然，地球規模での問題であり，そのことは同時に，農業生産や食糧生産も地球規模で考えていく必要のあることを意味する．昨年は，世界的に見ても暑い夏であった．その影響は農業生産にも現れ，食糧備蓄の減少や，穀物価格の高騰が見られる．本シンポジウムでも，身近な問題を世界の状況に敷衍して述べられたものも数多くあった．日本の先端的な農学が，世界の農業や生態系の問題にも貢献していくことを期待したい．このシンポジウムは，そうした可能性を示した有意義なシンポジウムであり，本書がそのための一視点を与えることが出来れば幸いである．

著者プロフィール

敬称略・五十音順

【大熊　幹章（おおくま　もとあき）】
　東京大学農学部卒業．東京大学名誉教授．専門分野は林産学・木材利用学．

【磯貝　彰（いそがい　あきら）】
　東京大学農学部農芸化学科卒業．東京大学農学部助手・助教授を経て，奈良先端科学技術大学院大学バイオサイエンス研究科教授．現在，同大学名誉教授，学長．専門分野は，農芸化学・生物有機化学，植物生化学．2008年度文化功労者．

【北田　修一（きただ　しゅういち）】
　北海道大学水産学部卒業後，日本栽培漁業協会，東京水産大学助教授，同教授を経て，現在東京海洋大学教授，東京大学アグリバイオインフォマティクス教育研究ユニット特任教授．専門分野は水産増殖学，統計遺伝学．

【武内　和彦（たけうち　かずひこ）】
　東京大学大学院農学系研究科修士課程修了，博士課程中退．東京都立大学理学部助手，東京大学農学部助教授，同アジア生物資源環境研究センター教授を経て，現在同大学院農学生命科学研究科教授．東京大学サステイナビリティ学連携研究機構副機構長，国際連合大学副学長，同サステイナビリティと平和研究所長を兼務．専門分野は緑地環境学，地域生態学，地球持続学．

【辻　博之（つじ　ひろゆき）】
　宇都宮大学農学部農学科卒業，1988年農林水産省入省　農業研究センター，北海道農業試験場畑作研究センターを経て現在北海道農業研究センター主任研究員　水田転換畑の省力生産技術の開発を担当．専門分野は栽培環境，栽培技術，作物生産技術．

【津村　義彦（つむら　よしひこ）】
　筑波大学大学院農学研究科修了．筑波大学農林学系助手，森林総合研究所研究員を経て，現在森林総合研究所室長，筑波大学大学院客員教授．専門分野は森林遺伝学，生態遺伝学．

【豊田　剛己（とよだ　こうき）】
　名古屋大学大学院生命農学研究科博士課程後期修了，博士（農学），1994年名古屋大学農学部助手，2000年東京農工大学大学院助教授，現在東京農工大学准教授．専門分野は土壌微生物学．

【端　憲二（はた　けんじ）】
　京都大学大学院農学研究科博士課程修了．農水省農業土木試験場研究員，独立行政法人　農研機構農村工学研究所農村環境部長，筑波大学客員教授を経て，現在秋田県立大学教授．専門分野は農業工学．

【日鷹　一雅（ひだか　かずまさ）】
　東京農工大大学院農学研究科修士課程，広島大学大学院生物圏科学研究科博士（後期）課程修了．国立呉工業高等専門学校，日本学術振興会特別研究員PDを経て現在愛媛大学・大学院農山漁村地域マネジメント特別コース准教授．専門分野は主に農生態学．

【山本　勝利（やまもと　しょうり）】
　東京大学大学院農学生命科学研究科博士課程修了．農林水産省農業環境技術研究所　東北農業試験場，（独）農業工学研究所　農林水産省農林水産技術会議事務局を経て，現在（独）農業環境技術研究所生物多様性研究領域上席研究員．専門分野は景観生態学，農村計画学．

【吉田　謙太郎（よしだ　けんたろう）】
　北海道大学大学院農学研究科修士課程修了，博士（農学）農林水産省農業総合研究所研究員，ミズーリ大学食料農業政策研究所客員研究員，農林水産省農林水産政策研究所主任研究官，筑波大学大学院システム情報工学研究科准教授を経て，現在長崎大学環境科学部教授．専門分野は環境経済学，農業経済学，農村計画学．

Ⓡ ⟨学術著作権協会委託⟩		
2011	2011年4月5日　第1版発行	
シリーズ21世紀の農学 農林水産業を支える 生物多様性の評価と課題		
著者との申 し合せによ り検印省略	編 著 者　日 本 農 学 会	
ⓒ著作権所有	発 行 者　株式会社　養 賢 堂 　　　　　代表者　及 川　清	
定価2000円 (本体1905円) (　税　5%　)	印 刷 者　株式会社　三 秀 舎 　　　　　責任者　山岸真純	
発 行 所	〒113-0033　東京都文京区本郷5丁目30番15号 株式会社 養賢堂　TEL 東京(03) 3814-0911　振替00120 　　　　　　　　　FAX 東京(03) 3812-2615　7-25700 　　　　　　URL http://www.yokendo.co.jp/ ISBN978-4-8425-0479-7　　C3061	

PRINTED IN JAPAN　　　　　　　製本所　株式会社三秀舎
本書の無断複写は、著作権法上での例外を除き、禁じられています。
本書からの複写許諾は、学術著作権協会（〒107-0052 東京都港区
赤坂 9-6-41 乃木坂ビル、電話 03-3475-5618・FAX03-3475-5619）
から得てください。